企·业·职·业·安·全·健·康

职业安全
与健康管理

黎海红　黄世文　主编

ZHIYE ANQUAN
YU JIANKANG GUANLI

化学工业出版社

·北京·

《职业安全与健康管理》以企业实际生产为导向，以现行的法律法规为准则，将职业安全与健康管理措施、防护设施、个人劳动防护用品，以及化工行业、水泥行业和煤矿开采业的行业实例融会贯通，全方位介绍了职业安全与健康管理的实际操作技能。

　　本书内容全面，针对性强，讲授由浅入深，力求符合绝大多数用书人员的认知规律和教学规律，适合作为企业管理者与作业工人的培训用书。

图书在版编目（CIP）数据

职业安全与健康管理/黎海红，黄世文主编. —北京：
化学工业出版社，2019.9（2023.8 重印）
　（企业职业安全健康培训图书）
　ISBN 978-7-122-34906-4

　Ⅰ.①职…　Ⅱ.①黎…②黄…　Ⅲ.①劳动安全②劳
动卫生　Ⅳ.①X9②R13

中国版本图书馆 CIP 数据核字（2019）第 151226 号

责任编辑：章梦婕　李植峰
责任校对：边　涛　　　　　　　　　　装帧设计：史利平

出版发行：化学工业出版社（北京市东城区青年湖南街 13 号　邮政编码 100011）
印　　装：北京印刷集团有限责任公司
710mm×1000mm　1/16　印张 12¼　字数 239 千字　2023 年 8 月北京第 1 版第 2 次印刷

购书咨询：010-64518888　售后服务：010-64518899
网　　址：http://www.cip.com.cn
凡购买本书，如有缺损质量问题，本社销售中心负责调换。

定　　价：48.00 元

《职业安全与健康管理》 编写人员

主　　编　黎海红　黄世文

副 主 编　沈　敏　聂传丽　许晓丽

编写人员　(按照姓名汉语拼音排列)

　　　　　陈晓光（中国建材检验认证集团股份有限公司安全与环保科
　　　　　　　　　学研究院）

　　　　　邓小凤（广西壮族自治区化工研究院）

　　　　　黄华文（广西华磊新材料有限公司）

　　　　　黄世文（广西壮族自治区职业病防治研究院）

　　　　　蓝柳恒（广西壮族自治区化工研究院）

　　　　　黎海红（广西壮族自治区职业病防治研究院）

　　　　　聂传丽（广西壮族自治区职业病防治研究院）

　　　　　潘　芳　（广西职业技术培训中心）

　　　　　沈　敏　［华润水泥（平南）有限公司］

　　　　　谢冬梅（广西壮族自治区工程技术研究院）

　　　　　许晓丽（广西壮族自治区职业病防治研究院）

前　言

职业安全健康管理是一项知识性、技术性和实践性都很强的系统工程，需要对企业及其员工进行深入培训，切实提高管理者与员工的综合素质和防控防治能力，从源头上杜绝作业场所安全隐患和职业病的发生。

为了防控生产安全隐患和职业病，近年来国家出台、修订了《中华人民共和国安全生产法》《中华人民共和国职业病防治法》等一系列的法律法规，为劳动者筑起一道道的"防火墙"，彰显了党和政府对劳动者安全和健康高度重视的决心。随着这些法律法规的贯彻落实，我国的职业安全健康工作逐渐呈现规范化、制度化和科学化。

尽管如此，目前我国安全生产和职业病防治形势依然十分严峻，如一些企业对法律法规标准和规范理解不透，对安全和职业病危害防治主体责任落实不到位，对职业安全与健康管理职责认识不清等。因此，迫切需要一本有针对性、实用性和可操作性的图书答疑解惑。

本书由研究人员和企业技术人员共同编写而成。编写人员分布在涉及职业安全与健康的各行业，均为长期从事职业安全和职业健康工作的业务骨干。全书描述了职业安全与健康管理体系、企业安全生产标准化、职业病危害因素、职业健康检查与职业病、班组安全管理、应急管理、有限空间作业管理、作业现场防护设施及其管理、个人劳动防护用品等相关工作的全过程，内容全面、新颖，在详细阐述基本知识和基本技能的同时，还提供了很多实际工作实例和经验总结，适合作为提升企业安全健康管理者与作业工人能力的培训用书。

本书共五章，由广西壮族自治区职业病防治研究院黎海红和黄世文主编。第一章由黎海红、黄世文、沈敏、许晓丽、潘芳、蓝柳恒编写，第二章由沈敏、黎海红、黄华文编写，第三章由聂传丽编写，第四章由陈晓光、黄华文、黎海红编写，第五章由邓小凤、陈晓光、黎海红、谢冬梅编写。

由于编者水平和能力有限，书中的疏漏和不足之处在所难免，恳切希望读者提出宝贵的意见，以便修订改正。

编者
2019 年 5 月

目　录

第五章　部分行业实例简介　126

参考文献　190

第一章
概 论

第一节　职业安全与健康管理法律法规体系

安全生产事关人民群众的生命安全，事关改革开放、经济发展和社会稳定大局。加强安全生产法制建设，充分运用法律手段加强安全生产工作，是从根本上改善我国安全生产现状的主要措施。随着经济发展和社会进步，全社会对安全生产的期望不断提高。安全生产法制建设是做好安全生产工作的重要制度保障。改革开放以来，党和国家十分重视安全生产的立法工作，国家制定颁布的有关法律、行政法规几十部，形成了系统的法律法规体系，对安全生产工作发挥了重要作用。

安全生产法律体系，是指我国全部现行的各类安全生产法律法规规章按照一定规则形成的统一整体。它覆盖整个安全生产领域，包含多种法律形式，表现为梯级法律层次的综合性、多元化、开放式的体系。

一、宪法和劳动法

宪法是国家的根本大法，具有最高法律地位和法律效力。《中华人民共和国宪法》（简称《宪法》）第四十二条第一款、第二款规定："中华人民共和国公民有劳动的权利和义务。国家通过各种途径创造劳动就业条件，加强劳动保护，改善劳动条件，并在发展生产的基础上，提高劳动报酬和福利待遇。"《宪法》第四十五条第一款规定："中华人民共和国公民在年老、疾病或者丧失劳动能力的情况下，有从国家和社会获得物质帮助的权利。国家发展为公民享受这些权利所需要的社会保险、社会救济和医疗卫生事业。"因此，依法享有职业卫生保护的权利是宪法赋予劳动者的一项重要权利。

《劳动法》第三条第一款规定："劳动者享有平等就业和选择职业的权利、取得劳动报酬的权利、休息休假的权利、获得劳动安全卫生保护的权利、接受职业技能培训的权利、享受社会保险和福利的权利、提请劳动争议处理的权利以及法律规定的其他劳动权利。"

据此，劳动者可根据宪法和劳动法等有关法律的规定维护自己的合法权益。在宪法的指导下，以相关法律、行政法规和地方性法规、部门规章、地方性规章、规范性文件、相关国家标准和行业标准为支撑的职业安全与健康管理法律法规体系已基本形成，在一定程度上促进了职业安全健康监管工作的规范化、制度化和科学化发展。

二、其他法律

由全国人民代表大会及其常务委员会制定的有关职业卫生安全方面的法律规范性文件，其法律地位和法律效力仅次于宪法。

《中华人民共和国安全生产法》是我国安全生产方面的综合性法律。其全面、完整地反映了国家关于加强安全生产管理的基本方针、基本原则和基本制度。该法适用于所有生产经营单位，解决了安全生产中存在基本的、共性的法律问题，建立了安全生产工作健康发展的长效机制，使安全生产被纳入法制轨道，形成了母法与子法、普通法和特别法、专门法和相关法有机结合的安全生产法律体系框架，为安全生产法制建设奠定了法律基础。该法的颁布实施，标志着我国安全生产立法进入了全面发展的新阶段。对激发全社会安全法律意识，强化安全生产监督管理，规范生产经营单位和从业人员的安全生产行为，遏制重特大事故，维护人民群众生命安全，保障生产经营活动顺利进行，促进经济发展和社会稳定，具有重大的现实意义和深远的历史影响。

《中华人民共和国职业病防治法》是我国预防、控制和消除职业危害，防治职业病，保护劳动者健康及其相关权益的一部专门法律。该法确定了职业健康监管工作的基本方针和基本原则，是我国职业健康工作的监管权力和劳动者职业健康权利的直接来源。

其他法律有《中华人民共和国矿山安全法》《中华人民共和国道路交通安全法》《中华人民共和国海上交通安全法》《中华人民共和国消防法》和《中华人民共和国特种设备安全法》等。这些专门法律解决了某个行业、某个方面的安全生产的特殊性，使各行各业安全生产领域有法可依。

《中华人民共和国安全生产法》《中华人民共和国煤炭法》《中华人民共和国建筑法》《中华人民共和国劳动合同法》《中华人民共和国电力法》《中华人民共和国刑法》《中华人民共和国民法总则》等法律也都从职业健康监管工作的各个层面对保护劳动者的合法权益、促进职业病防治工作起到了支撑和保障的作用。

三、国际公约

国际公约是指国际劳工公约，属国际法范畴，经全国人民代表大会及其常务委员会批准，等同于法律，在我国具有法律效力，如《职业安全与卫生及工作环境公约》《预防重大工业事故公约》《作业场所安全使用化学品公约》《建筑业安全和卫生公约》等。

四、 行政法规

行政法规指由国务院制定的有关各类条例、办法、规定、实施细则、决定等。行政法规的法律地位和法律效力低于法律、高于地方性法规。

我国安全生产行政法规有《国务院关于特大安全事故行政责任追究的规定》《安全生产许可证条例》《烟花爆竹安全管理条例》《生产安全事故报告和调查处理条例》《电力安全事故应急处置和调查处理条例》《危险化学品安全管理条例》等。

我国职业健康法规有《使用有毒物品作业场所劳动保护条例》《中华人民共和国尘肺病防治条例》《放射性同位素与射线装置安全和防护条例》《突发公共卫生事件应急条例》等。

地方性法规系各省、自治区、直辖市的人民代表大会，为执行和实施宪法、职业卫生安全法律、行政法规，可根据本行政区域的具体情况和实际需要，在法定权限内制定、发布规范性文件，如《北京市安全生产条例》《广西壮族自治区劳动保护条例》《天津市安全生产条例》《江苏省安全生产条例》《贵州省安全生产条例》等。各地制定的地方性法规是我国职业安全健康监管工作深化发展和维护劳动者健康权益的补充。

五、 部门规章

部门规章是由国务院所属部委以及地方人民政府在法律规定的范围内，依职权制定、颁布的有关职业卫生安全行政管理的规范性文件，其法律地位和法律效力低于法律和行政法规。

我国的安全生产部门规章有《生产经营单位安全培训规定》《危险化学品经营许可证管理办法》《小型露天采石场安全管理与监督检查规定》《生产安全事故应急预案管理办法》《工贸企业有限空间作业安全管理与监督暂行规定》等。

我国的职业健康部门规章有《工作场所职业卫生监督管理规定》《建设项目职业病危害防护设施"三同时"监督管理办法》《职业病危害项目申报方法》《用人单位职业健康监护监督管理办法》《职业病分类和目录》《职业病危害因素分类目录》《建设项目职业病危害风险分类管理目录》等。这些规章为我国职业健康工作的贯彻落实提供了具体的指导。

六、 标准

标准是指农业、工业、服务业以及社会公共事业等领域需要统一的技术要求，包括国家标准、行业标准、地方标准和企业标准。《中华人民共和国标准化法》规定，对保障国家安全、人身健康和生命财产安全、生态环境安全以及满足经济社会管理基本需要的技术要求应当制定强制性国家标准。强制性国家标准由国务院批准发布或授权批准发布；推荐性国家标准由国务院标准化行政主管部门制定；行业标准由国务院有关行政主管部门制定，报国务院标准化行政主管部门备案。

地方标准由省、自治区、直辖市人民政府标准化行政主管部门制定；设区的市级人民政府标准化行政主管部门根据本行政区域的特殊需要，经所在地省、自治区、直辖市人民政府标准化行政主管部门批准，可以制定本行政区域的地方标准。

为加强"预防为主"的工作方针，我国制定发布了一系列的职业安全健康标准，如《危险化学品重大危险源辨识》（GB 18218—2009）、《噪声职业病危害风险管理指南》（AQ/T 4276—2016）、《建筑设计防火规范》（GB 50016—2014）、《粉尘爆炸危险场所用除尘系统安全技术规范》（AQ/T 4273-2016）、《石材加工工艺防尘技术规范》（AQ 4220—2012）、《粮食加工防尘防毒技术规范》（AQ 4221—2012）、《仓储业防尘防毒技术规范》（AQ 4224—2012）、《印刷企业防尘防毒技术规范》（AQ 4225—2012）、《汽车制造企业职业危害防护技术规程》（AQ 4227—2012）、《木材加工系统粉尘防爆安全规范》（AQ 4228—2012）、《散粮码头爆炸性粉尘、塑料生产系统粉尘防爆规范》（AQ 4232—2013）、《铝加工厂防尘防毒技术规程》（AQ/T 4218—2012）、《焦化行业防尘防毒技术规范》（AQ/T 4219—2012）等。

随着一系列标准的颁布实施，用人单位的职业安全与健康管理工作逐步走上了规范的轨道，对维护作业现场工作人员的生命安全和预防职业危害起到了巨大的作用。

（潘芳、黄世文）

第二节　职业健康安全管理体系

安全生产和职业健康问题已经引起世界各国越来越强烈的关注，我国政府也越来越重视，颁布《中华人民共和国安全生产法》《中华人民共和国职业病防治法》等法律法规来加强对安全和健康监督管理。我国企业也不断地完善对安全生产和职业健康的管理，逐渐完成了从经验管理向科学管理的过渡。管理体系的有效性已在全世界范围内得到肯定。我国借鉴国外成功的经验，并结合我国企业的实际情况，制定了《职业健康安全管理体系 要求》（GB/T 28001—2011）。国际标准化组织（ISO）于2018年3月12日发布实施 ISO45001《职业健康安全管理体系要求及使用指南》，用于取代 OHSAS18001 标准。标准的实施为企业职业健康安全管理指明了方向，更加完善管理体系。

建立与实施职业健康安全管理体系，具有重要的现实意义。

（1）为企业提高职业健康安全绩效提供了一个科学、有效的管理手段，能有效地提高企业安全生产管理水平，有助于企业建立科学的管理机制，采用合理的职业健康安全管理原则与方法。

（2）有助于推动职业健康安全法规和制度的贯彻执行；有助于企业积极主动地贯彻执行相关职业健康安全法律法规。

（3）使职业健康安全管理由被动强制行为转变为主动自愿行为，有助于企业对潜在事故或紧急情况做出响应。

（4）有助于消除贸易壁垒，满足市场要求。

（5）有助于企业获得注册或认证，对企业产生直接和间接的经济效益。

（6）树立企业良好的品质和形象。

一、 职业健康安全管理体系的特点与内容

（一） 职业健康安全管理体系的特点

（1）承诺对法律法规及要求的遵守　该标准遵循自愿原则，不改变组织法律责任，每个运行过程都强调了对法律法规和其他要求的遵守，以严格遵守、执行法律为准则。

（2）动态性　职业健康安全管理体系的一个鲜明特征是体系的持续改进，通过持续的承诺、跟踪和改进，动态地审视体系的适用性、充分性和有效性，确保体系不断改进完善。

（3）全员性和全过程性　该标准把职业安全卫生管理体系当作一个系统工程，以系统分析的理论和方法要求全员参与，对全过程进行监控，实现系统目的。

（4）预防性　危险辨识、风险评价与控制是职业健康安全管理体系的精髓所在，它充分体现了"预防为主"的方针。

（5）先进性　职业健康安全管理体系标准运用系统工程原理，研究、确定所有影响要素，把管理过程和控制措施建立在科学的危险辨识和风险评价的基础上，对每个要素规定了具体要求，建立并保持一套以文件支持的程序，保证了体系的先进性。在职业安全健康管理中，从基层岗位到最高决策层的运作系统和检测系统确保了体系的有效运行，同时强调了程序化、文件化的管理手段，增强了体系的系统性。

（6）兼容性　职业健康安全管理体系作为企业管理体系的一项重要内容，与其他管理体系标准具有兼容性，在战略和战术上具有很多的相同点，在管理工作中体现了一体化。

（7）广泛性　职业健康安全管理体系标准为组织提供了一种现代管理方法，具有广泛的适用性。

（二） 职业健康安全管理体系的内容

1. 《职业健康安全管理体系 要求》（GB／T 28001） 的适用范围

《职业健康安全管理体系 要求》（GB／T 28001）规定了对职业健康安全管理体系的要求，旨在使组织能够控制其职业健康安全风险，并改进其职业健康安全绩效，适用于任何有下列愿望的组织。

（1） 建立职业健康安全管理体系，以消除或尽可能地降低可能暴露于与组织活动相关的职业健康安全危险源中的员工和其他相关方所面临的风险。

（2） 实施、保持和持续改进职业健康安全管理体系。

（3） 确保组织自身符合其所阐明的职业健康安全方针。

（4） 通过做出自我评价和自我声明、寻求与组织有利益关系的一方（如顾客等）对其符合性的确认、寻求组织外部一方对其自我声明的确认、寻求外部组织对其职业健康安全管理体系的认证，来证实符合性。

《职业健康安全管理体系 要求》（GB／T 28001）中的所有要求旨在被纳入任何职业健康安全管理体系中。其应用程度取决于组织的职业健康安全方针、活动性质、运行的风险与复杂性等因素。本标准旨在针对职业健康安全，而非诸如员工健身或健康计划、产品安全、财产损失或环境影响等其他方面。

2. 职业健康安全管理体系的要求、方针与策划

（1） 总体要求　组织应根据标准的要求建立、实施、保持和持续改进职业健康安全管理体系，确定如何满足这些要求，并形成文件；组织应界定职业健康安全管理体系的范围，并形成文件。

（2） 职业健康安全方针　最高管理者应确定和批准本组织的职业健康安全方针，并确保其在界定的职业健康安全管理体系范围内。具体包括以下内容。

① 适合于本组织的职业健康安全风险性质和规模；

② 包括防止人身伤害与健康损害，和持续改进职业健康安全管理与职业健康安全绩效的承诺。

③ 包括至少遵守与其职业健康安全危险源有关的适用法律、法规要求，以及组织应遵守的其他要求的承诺，为制定和评审职业健康安全目标提供框架。

④ 形成文件，付诸实施，并予以保持。

⑤ 传达到所有在组织控制下工作的人员，旨在使其认识到各自的职业健康安全义务。

⑥ 可以被相关方所获取；

⑦ 定期评审，以确保其与组织保持相关和适宜。

（3） 策划

① 危险源辨识、风险评价和控制措施的确定。组织应建立、实施并保持一定

的程序，以便持续进行危险源辨识、风险评价和必要控制措施的确定。危险源辨识和风险评价的程序应考虑如下因素。

A. 常规和非常规活动。

B. 所有进入工作场所的人员（包括承包方人员和访问者）的活动。

C. 人的行为、能力和其他人的因素。

D. 已识别的源于工作场所外并能够对工作场所内组织控制下的人员的健康安全产生不利影响的危险源。

E. 由本组织或外界所提供的工作场所的基础设施、设备和材料。

F. 组织及其活动、材料的变更，或计划的变更。

G. 职业健康安全管理体系的更改，包括临时性变更及其对运行、过程和活动的影响。

H. 任何与风险评价和实施必要控制措施相关的适用法律义务。

I. 对工作区域、过程、装置、机器和（或）设备、操作程序及工作组织的设计，包括其对人的能力的适应性。

组织用于危险源辨识和风险评价的方法应在范围、性质和时机方面进行界定，以确保其是主动的而非被动的；同时提供风险的确认、风险优先次序的区分和风险文件的形成，以及适当时控制措施的运用。

对于变更管理，组织应在变更前，识别在组织内、职业健康安全管理体系中或组织活动中与该变更相关的职业健康安全危险源和职业健康安全风险，应确保在确定控制措施时考虑这些评价的结果。

在确定控制措施或考虑变更现有控制措施时，应考虑按消除、替代、工程控制措施、标志、警告和（或）管理控制措施、个体防护装备的顺序降低风险。组织应将危险源辨识、风险评价和控制措施的确定结果形成文件并及时更新。

② 法律、法规和其他要求。组织应建立、实施并保持程序，以识别和获取适用于本组织的法律法规和其他职业健康安全要求。在建立、实施和保持职业健康安全管理体系时，组织应确保所适用的法律、法规要求和应遵守的其他要求得到考虑。组织应使这方面的信息处于最新状态，并向在其控制下的工作人员和其他有关的相关方传达相关法律、法规及其他要求的信息。

③ 目标和方案。组织应在其内部相关职能和层次建立、实施和保持形成文件的职业健康安全目标。目标应符合职业健康安全方针，包括对防止人身伤害与健康损害，符合适用法律、法规要求与组织应遵守的其他要求，以及持续改进的承诺。在建立和评审目标时，组织应考虑法律、法规要求和应遵守的其他要求及其职业健康安全风险。组织还应考虑其可选技术方案、财务、运行和经营要求，以及有关的相关方的观点。组织应建立、实施和保持实现其目标的方案。方案至少应包括：a. 为实现目标而对组织相关职能和层次的职责和权限的指定；b. 实现目标的方法

和时间表，应定期和按计划的时间间隔对方案进行评审，必要时进行调整，以确保目标得以实现。

二、 职业健康安全管理体系的建立和改进

建立、实施和改进职业健康安全管理体系涉及企业的方方面面，也经历复杂的工作过程。具体如下。

1. 成立工作组

（1）企业最高管理者应对职业健康安全和职业健康安全管理体系承担最终责任，应通过以下方式证实其承诺。

① 确保为建立、实施、保持和改进职业健康安全管理体系提供必要的资源，包括人力资源、专项技能、组织基础设施、技术和财力资源。

② 明确作用、分配职责和责任、授予权力以提供有效的职业健康安全管理，其作用、职责、责任和权限应形成文件并予以沟通。

（2）企业组织应任命最高管理者中的成员，工作组成员应具备安全科学技术、管理科学和生产技术等方面的知识，对企业有较深的了解，并且来自企业的不同部门，承担特定的职业健康安全职责，明确界定如下作用和权限。

① 确保按本标准建立、实施和保持职业健康的安全管理体系。

② 确保向最高管理者提交职业健康安全管理体系绩效报告以供评审，并为改进职业健康安全管理体系提供依据。

2. 培训

企业应聘请外部专家或技术咨询单位对工作组成员及企业全体职工进行培训。培训必须是全员培训，分为三个层次：企业中层以上管理人员、内审员培训和企业员工培训。培训要运用各种形式，广泛、深入地开展宣传，做到体系建立人人参与。培训应抓住以下要点。

（1）培训对象的工作活动和行为的实际或潜在的职业健康安全后果。

（2）培训对象应实现职业健康安全方针、程序和职业健康安全管理体系要求，包括应急准备和响应要求方面的作用、职责和重要性。

（3）偏离规定程序的潜在后果。

3. 制订计划

培训后，工作组就开始着手制订建立职业健康安全管理体系的计划、建立工作总计划表和每项具体工作的分计划表。制订计划的另一项重要内容是提出资源需求，报企业最高管理者批准。

4. 编制体系文件

职业健康安全管理体系作为一个相对独立的体系，有必要形成专门文件以对企业全体管理者及员工进行全面要求。

（1）制定职业健康安全管理体系手册　不同组织的职业健康安全管理体系文件的详略程度可能会不尽相同，以什么样的文件形式来满足职业健康安全管理的要求也是组织应予以考虑的。组织可考虑编制职业健康安全管理手册，并整合不同管理体系的文件。

（2）编制职业健康安全管理体系程序文件　职业健康安全管理体系程序是职业健康安全管理手册的支持性文件，是手册中原则性要求的进一步展开和落实。因此，编制职业健康安全管理体系程序文件必须以职业健康安全管理整体出发，系统编制。

（3）完善职业健康安全管理体系作业文件和记录　作业文件是程序文件的支持性文件。为了使各项活动具有可操作性，一个程序文件可分解成几个作业文件。作业文件必须与采用要素的程序相对应，它对程序文件中整个程序或某些条款进行补充、细化，不能脱离程序另编一套作业文件。作业文件的内容是描述实施程序文件所涉及的各职能部门的具体活动。

5. 体系文件的运行、认证和改进

（1）运行

① 培训。培训是职业健康安全管理体系开始运行的第一步。职业健康安全管理体系的运行，需要组织的全体人员的积极参与。各个岗位的人员只有理解了系统化职业健康安全管理的重要性及个人在其中的作用，才能主动、有效地参与管理活动。需要从体系开始运行的角度，对组织的全体员工进行培训。

② 体系文件的分发。体系文件的分发是职业健康安全管理体系开始运行的第二步，组织内各个岗位都应有其主导性文件和相关性文件，要使组织的职业健康安全管理体系有效地运行起来，必须使必要的体系文件分发到位。

③ 严格执行体系文件规定。职业健康安全管理体系是一个系统、结构化的管理体系，它所包含的各项工作活动都是程序化的。体系的运行离不开程序文件的指导。组织的文件及其相关三级文件，在组织内部都是具有法定效应的，必须严格执行，只有这样才能使体系正确运行，才能达到标准的要求。

（2）体系审核认证　试运行 6 个月左右，经组织内部检查审核确定体系已达到认证的要求后，可以向国家有关职业健康安全管理体系认证机构提出认证审核申请。认证审核通过后，组织职业健康安全管理体系进入正式实施阶段。

（3）改进　职业健康安全管理体系的保持不仅限于管理体系持续的符合性，更重要的是要实现持续改进。通过内部审核和管理评审，可实现对组织的职业健康安全管理体系的系统性检查，对发现的问题予以改进。

① 内部审核。组织通过对职业健康安全管理体系中所开展活动进行常规绩效测量和监测，以及定期开展的合规性评价，发现不符合或其他不期望情况（潜在不符合或其他潜在不期望情况），采取措施减少其职业健康安全后果；通过对不符合

的原因分析和事件调查等，确定导致不符合或其他不期望情况（潜在不符合或其他潜在不期望情况）的原因，针对原因采取纠正措施（预防措施）。通过上述过程，可以实现不断地发现管理体系中的问题，对管理体系予以改进，进而不断实现对管理体系的强化和职业健康安全绩效的改进。

② 管理评审。组织通过管理评审，评价职业健康安全管理体系的持续适宜性、充分性和有效性，并包括评价改进机会和对职业健康安全管理体系进行修改的需求，以相对整体性的角度改进职业健康安全管理体系。

通过沟通、参与和协商确定改进重点，实现职业健康安全绩效的持续改进。具体可通过管理体系中职业健康安全方针的改进，危险源辨识、风险评价和确定控制措施的改进；目标和方案对职业健康安全绩效的改进，资源、作用、职责和权限的改进，文件及文件控制上的改进，运行控制的改进，应急准备和响应的改进，以及强化培训使人员的意识和能力等方面得以强化和提升。

（蓝柳恒）

第三节　企业安全生产标准化

一、企业安全生产标准化发展历程

安全生产标准化是指通过建立安全生产责任制，制定安全管理制度和操作规程，排查治理隐患和监控重大危险源，建立预防机制，规范生产行为，使生产环节符合有关安全生产法律法规、标准、规范的要求。通过使人员、机器、物料、环境处于良好的生产状态，并持续改进，不断加强企业安全生产规范化建设。

企业通过落实安全生产主体责任，全员全过程参与，建立并保持安全生产管理体系，全面管理生产经营活动各环节的安全生产与职业卫生工作，实现安全健康管理系统化、岗位操作行为规范化、设备设施本质安全化、作业环境器具定置化，并持续改进。

2006 年 6 月 27 日，全国安全生产标准化技术委员会成立大会暨第一次工作会议在京召开。2010 年 4 月 15 日，国家安全生产监督管理总局发布了《企业安全生产标准化基本规范》安全生产行业标准，标准编号为 AQ/T 9006—2010，自 2010年 6 月 1 日起实施。

2011 年 5 月 3 日，国务院安委会下发了《国务院安委会关于深入开展企业安全生产标准化建设的指导意见》（安委〔2011〕4 号），要求全面推进企业安全生产标准化建设，进一步规范企业安全生产行为，改善安全生产条件，强化安全基础管理，有效防范和坚决遏制重特大事故发生。

2011 年 5 月 16 日，国务院安委会下发了《关于深入开展全国冶金等工贸企业安全生产标准化建设的实施意见》（安委办〔2011〕18 号），提出工贸企业全面开展安全生产标准化建设工作，实现企业安全管理标准化、作业现场标准化和操作过程标准化。2013 年底前，规模以上工贸企业实现安全达标，2015 年底前，所有工贸企业实现安全达标。

2011 年 6 月 7 日，国家安全监管总局下发《关于印发全国冶金等工贸企业安全生产标准化考评办法的通知》（安监总管四〔2011〕84 号），制定了考评发证、考评机构管理及考评员管理等实施办法，进一步规范工贸行业企业安全生产标准化建设工作。

2011 年 8 月 2 日，国家安全监管总局下发《关于印发冶金等工贸企业安全生产标准化基本规范评分细则的通知》（安监总管四〔2011〕128 号），发布《冶金等工贸企业安全生产标准化基本规范评分细则》，进一步规范了冶金等工贸企业的安全生产。

2013 年 1 月 29 日，国家安全监管总局等部门下发《关于全面推进全国工贸行业企业安全生产标准化建设的意见》（安监总管四〔2013〕8 号），提出要进一步建立健全工贸行业企业安全生产标准化建设政策法规体系，加强企业安全生产规范化管理，推进全员、全方位、全过程安全管理。力求通过努力，实现企业安全管理标准化、作业现场标准化和操作过程标准化，2015 年底前所有工贸行业企业实现安全生产标准化达标，企业安全生产基础得到明显强化。2016 年 12 月 13 日，国家安全生产监督管理总局发布了《企业安全生产标准化基本规范》（GB/T 33000—2016），自 2017 年 4 月 1 日起实施。

企业安全生产标准化体现了"安全第一、预防为主、综合治理"的方针和"以人为本"的科学发展观，强调企业安全生产工作的规范化、科学化、系统化和法制化，强化风险管理和过程控制，注重绩效管理和持续改进，符合安全管理的基本规律，代表了现代安全管理的发展方向，是先进安全管理思想与传统安全管理方法、企业具体实际的有机结合，有效提高企业安全生产水平，从而推动我国安全生产状况的根本好转。

二、 企业安全生产标准化要素解读

企业安全生产标准化的工作内容主要有目标职责、制度化管理、教育培训、现场管理、安全风险管控及隐患排查治理、应急管理、事故管理、持续改进等。

（一）目标职责

1. 目标

企业应根据自身安全生产实际，制定文件化的总体和年度安全生产与职业卫生目标，并纳入企业总体生产经营目标。明确目标的制定、分解、实施、检查、考核等环节要求，并按照所属基层单位和部门在生产经营活动中所承担的职能，将目标分解为指标，确保落实。

企业应定期对安全生产与职业卫生目标、指标实施情况进行评估和考核，并结合实际及时进行调整。

2. 机构和职责

企业应落实安全生产组织领导机构，成立安全生产委员会，并应按照有关规定设置安全生产和职业卫生管理机构，或配备相应的专职或兼职安全生产和职业卫生管理人员，按照有关规定配备注册安全工程师，建立健全从管理机构到基层班组的管理网络。

企业主要负责人全面负责安全生产和职业卫生工作，并履行相应责任和义务。分管负责人应对各自职责范围内的安全生产和职业卫生工作负责。各级管理人员应按照安全生产和职业卫生责任制的相关要求，履行其安全生产和职业卫生职责。

企业应建立、健全安全生产和职业卫生责任制，明确各级单位、部门和各岗位人员的安全生产和职业卫生职责，并对适宜性、履职情况进行定期评估和监督考核。

企业应督促确保全员按照安全生产和职业卫生职责，参与安全生产工作。

3. 安全生产投入

企业应建立安全生产投入保障制度，按规定提取和使用安全生产费用，建立安全生产投入费用计划和使用台账，用于改善安全生产和职业卫生条件。

企业应参加工伤保险，为作业人员缴纳工伤保险费。鼓励企业投保安全生产责任保险。

4. 安全文化建设

企业应开展安全文化建设，营造安全氛围，确立本企业的安全生产理念、目标和安全生产行为准则与规范，并教育、督促全体作业人员贯彻执行。

5. 安全生产信息化建设

企业应根据自身实际情况，利用信息化手段加强安全生产管理工作，开展安全生产电子台账管理、重大危险源监控、职业病危害防治、应急管理、安全风险管控和隐患自查自报、安全生产预测预警等信息系统的建设。

（二）制度化管理

1. 法规标准识别

企业应建立安全生产和职业卫生法律法规、标准规范的管理制度，明确主管部门，确定获取的渠道、方式，及时识别和获取适用、有效的法律法规、标准规范，建立安全生产和职业卫生法律法规、标准规范清单和文本数据库。

企业应将适用的安全生产和职业卫生法律法规、标准规范的相关要求及时转化为本单位的规章制度、操作规程，并及时传达给相关作业人员，确保相关要求落实到位。

2. 规章制度

企业应建立、健全安全生产和职业卫生规章制度，并征求工会及作业人员的意见和建议，规范安全生产和职业卫生管理工作。

企业应确保作业人员及时获取制度文本。

企业安全生产和职业卫生规章制度包括但不限于下列内容：目标管理、安全生产和职业卫生责任制；安全生产承诺、安全生产投入；安全生产信息化、"四新"（新技术、新材料、新工艺、新设备设施）管理，文件、记录和档案管理，安全风险管理，隐患排查治理，职业病危害防治，教育培训，班组安全活动，特种作业人员管理，建设项目安全设施、职业病防护设施"三同时"管理，设备设施管理，施工和检维修安全管理，危险物品管理，危险作业安全管理，安全警示标志管理，安全生产奖惩管理，相关方安全管理等。

3. 操作规程

企业应按照有关规定，结合本企业生产工艺、作业任务特点及岗位作业安全风险与职业病防护要求，编制齐全、适用的岗位安全生产和职业卫生操作规程，发放给相关岗位员工，并严格执行。

企业应确保作业人员参与岗位安全生产和职业卫生操作规程的编制和修订工作。

企业应在新技术、新材料、新工艺、新设备设施投入使用前组织制修订相应的安全生产和职业卫生操作规程，确保其适宜性和有效性。

4. 文档管理

（1）记录管理　企业应建立文件和记录管理制度，明确安全生产和职业卫生规章制度、操作规程的编制、评审、发布、使用、修订、作废，以及文件和记录管理的职责、程序和要求。

企业应建立、健全主要安全生产和职业卫生过程与结果的记录，并建立和保存有关记录的电子档案，支持查询和检索，便于自身管理使用和行业主管部门调取检查。

（2）评估　企业应每年至少评估一次安全生产和职业卫生法律法规、标准规范、规章制度、操作规程的适宜性、有效性和执行情况。

（3）修订　企业应根据评估结果、安全检查情况、自评结果、评审情况、事故情况等，及时修订安全生产和职业卫生规章制度、操作规程。

（三） 教育培训

1. 教育培训管理

企业应建立、健全安全教育培训制度，按照有关规定进行培训。培训大纲、内容、时间应满足有关标准的规定。企业安全教育培训应包括安全生产和职业卫生的内容。

企业应明确安全教育培训主管部门，定期识别安全教育培训需求，制定、实施安全教育培训计划，并保证必要的安全教育培训资源。

企业应如实记录全体作业人员的安全教育和培训情况，建立安全教育培训档案和作业人员个人安全教育培训档案，并对培训效果进行评估和改进。

2. 人员教育培训

（1）主要负责人和管理人员　企业的主要负责人和安全生产管理人员应具备与本企业所从事的生产经营活动相适应的安全生产和职业卫生知识与能力。

企业应对各级管理人员进行教育培训，确保其具备正确履行岗位安全生产和职业卫生职责的知识与能力。

法律法规要求考核其安全生产和职业卫生知识与能力的人员，应按照有关规定经考核合格。

（2）作业人员　企业应对作业人员进行安全生产和职业卫生教育培训，保证作业人员具备满足岗位要求的安全生产和职业卫生知识，熟悉有关的安全生产和职业卫生法律法规、规章制度、操作规程，掌握本岗位的安全操作技能和职业危害防护技能、安全风险辨识和管控方法，了解事故现场应急处置措施，并根据实际需要，定期进行复训考核。

未经安全教育培训合格的作业人员，不应上岗作业。

煤矿、非煤矿山、危险化学品、烟花爆竹、金属冶炼等企业应对新上岗的临时工、合同工、劳务工、轮换工、协议工等进行强制性安全培训，保证其具备本岗位安全操作、自救互救以及应急处置所需的知识和技能后，方能安排上岗作业。

企业的新入厂（矿）作业人员上岗前应经过厂（矿）、车间（工段、区、队）、班组三级安全培训教育，岗前安全教育培训学时和内容应符合国家和行业的有关规定。

作业人员在企业内部调整工作岗位或离岗一年以上重新上岗时，应重新进行车间（工段、区、队）和班组级的安全教育培训。

从事特种作业、特种设备作业的人员应按照有关规定，经专门安全作业培训，考核合格、取得相应资格后，方可上岗作业，并定期接受复审。

企业专职应急救援人员应按照有关规定，经专门应急救援培训，考核合格后，方可上岗，并定期参加复训。

其他作业人员每年应接受再培训，再培训时间和内容应符合国家和地方政府的有关规定。

（3）外来人员　企业应对进入企业从事服务和作业活动的承包商、供应商的作业人员，和接收的中等职业学校、高等学校实习生，进行入厂（矿）安全教育培训，并保存记录。

外来人员进入作业现场前，应由作业现场所在单位对其进行安全教育培训，并保存记录。主要内容包括：外来人员入厂（矿）有关安全规定、可能接触到的危害因素、所从事作业的安全要求、作业安全风险分析及安全控制措施、职业病危害防护措施、应急知识等。

企业应对进入企业检查、参观、学习等的外来人员进行安全教育，主要内容包括：安全规定、可能接触到的危险有害因素、职业病危害防护措施、应急知识等。

（四）现场管理

1. 设备设施管理

（1）设备设施建设　企业总平面布置应符合《工业企业总平面设计规范》（GB 50187）的规定，建筑设计防火和建筑灭火器配置应分别符合《建筑设计防火规范》（GB 50016）和《建筑灭火器配置设计规范》（GB 50140）的规定；建设项目的安全设施和职业病防护设施应与建设项目主体工程同时设计、同时施工、同时投入生产和使用。

企业应按照有关规定进行建设项目安全生产、职业病危害评价，严格履行建设项目安全设施和职业病防护设施设计审查、施工、试运行、竣工验收等管理程序。

（2）设备设施验收　企业应执行设备设施采购、到货验收制度，购置、使用设计符合要求且质量合格的设备设施。设备设施安装后，企业应进行验收，并对相关过程及结果进行记录。

（3）设备设施运行　企业应对生产设备设施进行规范化管理，建立设备设施管理台账。

企业应有专人负责管理各种安全设施及检测与监测设备，定期检查维护并做好记录。

企业应针对高温、高压，和生产、使用、储存易燃、易爆、有毒、有害物质等的高风险设备，以及海洋石油开采特种设备和矿山井下特种设备，建立运行、巡检、保养的专项安全管理制度，确保其始终处于安全可靠的运行状态。

安全设施和职业病防护设施不得随意拆除、挪用或弃置不用；确因检查、维修拆除的，应采取临时安全措施，检查、维修完毕后立即复原。

（4）设备设施的检查、维修　企业应建立生产设备设施检维修管理制度，制定综合检维修计划，加强日常检维修和定期检维修管理，落实"五定"原则，即定检维修方案、定检维修人员、定检安全措施、定检维修质量、定检维修进度，并做好记录。

检维修方案应包含作业安全风险分析、控制措施、应急处置措施及安全验收标准。检维修过程中应执行安全控制措施，隔离能量和危险物质，并进行监督检查。检维修后应进行安全确认。

（5）检测检验　特种设备应按照有关规定，委托具有专业资质的检测、检验机构进行定期检测、检验。涉及人身安全、危险性较大的海洋石油开采特种设备和矿山井下特种设备，应取得矿用产品安全标志或相关安全使用证。

（6）设备设施拆除、报废　企业应建立设备设施报废管理制度。设备设施的报废应办理审批手续，在报废设备设施拆除前应制定方案，并在现场设置明显的报废设备设施标志。报废、拆除涉及许可作业的，应按照危险作业执行，并在作业前对相关作业人员进行培训和安全技术交底。报废、拆除应按方案和许可内容组织落实。

2. 作业安全

（1）作业环境和作业条件　企业应事先分析和控制生产过程及工艺、物料、设备设施、器材、通道、作业环境等存在的安全风险。

生产现场应实行定置管理，保持作业环境整洁。

生产现场应配备相应的安全、职业病防护用品（具）及消防设施与器材，按照有关规定设置应急照明、安全通道，并确保安全通道畅通。

企业应对临近高压输电线路作业、危险场所动火作业、有（受）限空间作业、临时用电作业、爆破作业、封道作业等危险性较大的作业活动实施作业许可管理，严格履行作业许可审批手续。作业许可应包含安全风险分析、安全及职业病危害防护措施、应急处置等内容。作业许可实行闭环管理。

企业应对作业人员的上岗资格、条件等进行作业前的安全检查，做到特种作业人员持证上岗，并安排专人进行现场安全管理，确保作业人员遵守岗位操作规程和落实安全及职业病危害防护措施。

企业应采取可靠的安全技术措施，对设备能量和危险有害物质进行屏蔽或隔离。

两个以上作业队伍在同一作业区域内进行作业活动时，不同作业队伍相互之间应签订管理协议，明确各自的安全生产、职业卫生管理职责和采取的有效措施，并指定专人进行检查与协调。

危险化学品生产、经营、储存和使用单位的特殊作业，应符合《化学品生产单位特殊作业安全规范》（GB 30871）的规定。

（2）作业行为　企业应依法合理进行生产作业的组织和管理，加强对作业人员作业行为的安全管理，对设备设施、工艺技术及作业人员作业行为等进行安全风险辨识，采取相应的措施，控制作业行为安全风险。

企业应监督、指导作业人员遵守安全生产和职业卫生规章制度、操作规程，杜绝违章指挥、违规作业和违反劳动纪律的"三违"行为。

企业应为作业人员配备与岗位安全风险相适应的、符合《个体防护装备选用规范》（GB/T 11651）规定的个体防护装备与用品，并监督、指导作业人员按照有关规定正确佩戴、使用、维护、保养和检查个体防护装备与用品。

（3）岗位达标　企业应建立班组安全活动管理制度，开展岗位达标活动，明确岗位达标的要求和内容。

作业人员应熟练掌握本岗位的安全职责、安全生产和职业卫生操作规程、安全风险及管控措施、防护用品使用、自救互救及应急处置措施。

各班组应按照有关规定开展安全生产和职业卫生教育培训、安全操作技能训练、岗位作业危险预知、作业现场隐患排查、事故分析等工作，并做好记录。

一级企业，岗位达标率应为100%。

（4）相关方　企业应建立承包商、供应商等安全管理制度，将承包商、供应商等相关方的安全生产和职业卫生纳入企业内部管理。对承包商、供应商等相关方的资格预审、选择、作业人员培训、作业过程检查监督、提供的产品与服务、绩效评估、续用或退出等进行管理。

企业应建立合格承包商、供应商等相关方的名录和档案，定期识别服务行为安全风险，并采取有效的控制措施。

企业不应将项目委托给不具备相应资质或安全生产、职业病防护条件的承包商和供应商等相关方。企业应与承包商、供应商等签订合作协议，明确规定双方的安全生产及职业病防护的责任和义务。

企业应通过供应链关系促进承包商、供应商等相关方达到安全生产标准化要求。

3. 职业健康

（1）基本要求　企业应为作业人员提供符合职业卫生要求的工作环境和条件，为接触职业病危害的作业人员提供个人使用的职业病防护用品，建立、健全职业卫生档案和健康监护档案。

产生职业病危害的工作场所应设置相应的职业病防护设施，并符合《工业企业设计卫生标准》（GBZ 1）等的规定。

企业应确保使用有毒、有害物品的工作场所与生活区、辅助生产区分开，工作场所不应住人；将有害作业与无害作业分开、高毒工作场所与其他工作场所隔离。

对可能导致急性职业病危害的有毒、有害工作场所，应设置检测报警装置，制定应急预案，配置现场急救用品、设备，设置应急撤离通道和必要的泄险区，并定期检查监测。

企业应组织作业人员进行上岗前、在岗期间、特殊情况应急后和离岗时的职业健康检查，将检查结果以书面形式如实告知作业人员并存档。对检查结果异常的作业人员，应及时就医，并定期复查。企业不应安排未经职业健康检查的作业人员从事接触可造成职业病危害的作业；不应安排有职业禁忌的作业人员从事禁忌作业。作业人员的职业健康监护应符合《职业健康监护技术规范》（GBZ 188）的规定。

各种防护用品、各种防护器具应定点存放在安全、便于取用的地方，建立台账，并有专人负责保管，定期校验、维护和更换。

涉及放射工作场所和放射性同位素运输、贮存的企业，应配置防护设备和报警装置，为接触放射线的作业人员佩戴个人剂量计。

（2）职业危害告知　企业与作业人员订立劳动合同时，应将工作过程中可能产生的职业病危害及其后果和防护措施如实告知作业人员，并在劳动合同中写明。

企业应按照规定要求，在醒目位置设置公告栏，公布有关职业病防治的规章制度、操作规程、职业病危害事故应急救援措施和工作场所职业病危害因素检测结果。对存在或产生职业病危害的工作场所、作业岗位、设备、设施，应在醒目位置设置警示标识和中文警示说明；使用有毒物品作业场所，应设置警示标识和中文警示说明；高毒作业场所应设置红黄色区域警示线、警示标识和中文警示说明，并设置通讯报警设备。高毒物品作业岗位职业病危害告知应符合《高毒物品作业岗位职业病危害告知规范》（GBZ/T 203）的规定。

（3）职业病危害检测与评价　企业应改善工作场所职业卫生条件，控制职业病危害因素浓（强）度不超过《工作场所有害因素职业接触限值》第 1 和第 2 部分（GBZ 2.1、GBZ 2.2）等国家标准限值。

企业应对工作场所职业病危害因素进行日常监测，并保存监测记录。定期检测结果中，职业病危害因素浓度或强度超过职业接触限值的，企业应根据职业卫生技术服务机构提出的整改建议，结合本单位的实际情况，制定切实有效的整改方案，并立即进行整改。整改落实情况应有明确的记录并存入职业卫生档案备查。

（4）警示标识　企业应按照有关规定和工作场所的安全风险特点，在有重大危险源、较大危险因素和严重职业病危害因素的工作场所，设置明显的、符合有关规定要求的安全警示标识和职业病危害警示标识。其中，警示标识的安全色和安全标识应分别符合《安全色》（GB 2893）和《安全标志及其使用导则》（GB 2894）的规定，道路交通标识和标线应符合 GB 5768 的规定，工业管道安全标识应符合《工业管道的基本识别色、识别符号和安全标识》（GB 7231）的规定，消防安全标识应符合 GB 13495.1 的规定，工作场所职业病危害警示标识应符合 GBZ 158 的规定。安全警示标识和职业病危害警示标识应标明安全风险内容、危险程度、安全距离、防控办法、应急措施等内容；在有重大隐患的工作场所和设备设施上设置安全警示标识，标明治理责任、期限及应急措施；在有安全风险的工作岗位设置安全告知卡，告知作业人员本企业、本岗位的主要危险有害因素、后果、事故预防及应急措施、报告电话等内容。

企业应定期对警示标识进行检查维护，确保其完好有效。

企业应在设备设施施工、吊装、检维修等作业现场设置警戒区域和警示标识，在检维修现场的坑、井、渠、沟、陡坡等场所设置围栏和警示标识，进行危险提示、警示，告知危险的种类、后果及应急措施等。

（五）安全风险管控及隐患排查治理

1. 安全风险管理

（1）安全风险辨识　企业应建立安全风险辨识管理制度，组织全员对本单位安全风险进行全面、系统的辨识。

安全风险辨识范围应覆盖本单位的所有活动及区域，并考虑正常、异常和紧急三种状态及过去、现在和将来三种时态。安全风险辨识应采用适宜的方法和程序，且与现场实际相符。

企业应对安全风险辨识资料进行统计、分析、整理和归档。

（2）安全风险评估　企业应建立安全风险评估管理制度，明确安全风险评估的目的、范围、频次、准则和工作程序等。

企业应选择合适的安全风险评估方法，定期对所辨识出的存在安全风险的作业活动、设备设施、物料等进行评估。在进行安全风险评估时，至少应从影响人、财产和环境三个方面的可能性和严重程度进行分析。

矿山、金属冶炼和危险物品生产、储存企业，每3年应委托具备规定资质条件的专业技术服务机构对本企业的安全生产状况进行安全评价。

（3）安全风险控制　企业应采取工程技术措施、管理控制措施、个体防护措施等，对安全风险进行控制。

企业应根据安全风险评估结果及生产经营状况等，确定相应的安全风险等级，对其进行分级分类管理，实施安全风险差异化动态管理，制定并落实相应的安全风险控制措施。

企业应将安全风险评估结果及所采取的控制措施告知相关作业人员，使其熟悉工作岗位和作业环境中存在的安全风险，掌握、落实应采取的控制措施。

（4）变更管理　企业应制定变更管理制度。变更前，应对变更过程及变更后可能产生的安全风险进行分析，制定控制措施，履行审批及验收程序，并告知和培训相关作业人员。

（5）重大危险源辨识与管理　企业应建立重大危险源管理制度，全面辨识重大危险源，对确认的重大危险源制定安全管理技术措施和应急预案。

涉及危险化学品的企业应按照《危险化学品重大危险源辨识》（GB 18218）的规定，进行重大危险源辨识和管理。

企业应对重大危险源进行登记建档，设置重大危险源监控系统，进行日常监控，并按照有关规定向所在地安全监管部门备案。重大危险源安全监控系统应符合《危险化学品重大危险源安全监控通用技术规范》（AQ 3035）的技术规定。

含有重大危险源的企业应将监控中心（室）视频监控数据、安全监控系统状态数据和监测数据与有关安全监管部门监管系统联网。

2. 隐患排查治理

（1）隐患排查　企业应建立隐患排查治理制度，逐级建立并落实从主要负责人到每位作业人员的隐患排查治理和防控责任制。并按照有关规定组织开展隐患排查治理工作，及时发现并消除隐患，实行隐患闭环管理。

企业应根据有关法律法规、标准规范等，组织制定各部门、岗位、场所、设备设施的隐患排查治理标准或排查清单，明确隐患排查的时限、范围、内容、频次和要求，并组织开展相应的培训。隐患排查的范围应包括所有与生产经营相关的场所、人员、设备设施和活动，包括承包商、供应商等相关方服务范围。

企业应按照有关规定，结合安全生产的需要和特点，采用综合检查、专业检查、季节性检查、节假日检查、日常检查等不同方式进行隐患排查。对排查出的隐患，按照隐患的等级进行记录，建立隐患信息档案，并按照职责分工实施监控治理。组织有关专业技术人员对本企业可能存在的重大隐患做出认定，并按照有关规定进行管理。

企业应将相关方排查出的隐患统一纳入本企业的隐患治理。

（2）隐患治理　企业应根据隐患排查的结果，制定隐患治理方案，对隐患及时进行治理。

企业应按照责任分工立即或限期组织整改一般隐患。主要负责人应组织制定并实施重大隐患治理方案。治理方案应包括目标和任务、方法和措施、经费和物资、机构和人员、时限和要求、应急预案。

企业在隐患治理过程中，应采取相应的监控防范措施。隐患排除前或排除过程中无法保证安全的，应从危险区域内撤出作业人员，疏散可能危及的人员，设置警戒标志，暂时停产、停业或停止使用相关设备和设施。

（六）应急管理

1. 应急准备

（1）应急救援组织　企业应按照有关规定建立应急管理组织机构或指定专人负责应急管理工作，建立与本企业安全生产特点相适应的专（兼）职应急救援队伍。按照有关规定可以不单独建立应急救援队伍的，应指定兼职救援人员，并与邻近专业应急救援队伍签订应急救援服务协议。

（2）应急预案　企业应在开展安全风险评估和应急资源调查的基础上，建立生产安全事故应急预案体系，制定符合《生产经营单位生产安全事故应急预案编制导则》（GB/T 29639）规定的生产安全事故应急预案，针对安全风险较大的重点场所（设施）制定现场处置方案，并编制重点岗位、人员应急处置卡。

企业应按照有关规定将应急预案报当地主管部门备案，并通报应急救援队伍、周边企业等有关应急协作单位。

企业应定期评估应急预案，及时根据评估结果或实际情况的变化进行修订和完善，并按照有关规定将修订的应急预案及时报当地主管部门备案。

（3）应急设施、装备、物资　企业应根据可能发生的事故种类特点，按照有关规定设置应急设施，配备应急装备，储备应急物资，建立管理台账，安排专人管理，并定期检查、维护、保养，确保其完好、可靠。

（4）应急演练　企业应按照《生产安全事故应急演练指南》（AQ/T 9007）的规定，定期组织公司（厂、矿）、车间（工段、区、队）、班组开展生产安全事故应急演练，做到一线作业人员参与应急演练全覆盖，并按照《生产安全事故应急演练评估规范》（AQ/T 9009）的规定对演练进行总结和评估，根据评估结论和演练发现的问题，修订、完善应急预案，改进应急准备工作。

2. 应急处置

发生事故后，企业应根据预案要求，立即启动应急响应程序，按照有关规定报告事故情况，并开展以下先期处置。

（1）发出警报，在不危及人身安全时，现场人员采取阻断或隔离事故源、危险源等措施；严重危及人身安全时，迅速停止现场作业，现场人员采取必要的或可能的应急措施后撤离危险区域。

（2）立即按照有关规定和程序报告本企业有关负责人。有关负责人应立即将事故发生的时间、地点、当前状态等简要信息向所在地县级以上地方人民政府及其负有安全生产监督管理职责的有关部门报告，并按照有关规定及时补报、续报有关情况；情况紧急时，事故现场有关人员可以直接向有关部门报告；对可能引发次生事故灾害的，应及时报告相关主管部门。

（3）研判事故危害及发展趋势，将可能危及周边生命、财产、环境安全的危险性和防护措施等告知相关单位与人员；遇有重大紧急情况时，应立即封闭事故现场，通知本单位作业人员和周边人员疏散，采取转移重要物资、避免或减轻环境危害等措施。

（4）请求周边应急救援队伍参加事故救援，维护事故现场秩序，保护事故现场证据。准备事故救援技术资料，做好向所在地人民政府及其负有安全生产监督管理职责的部门移交救援工作指挥权的各项准备。

3. 应急评估

企业应当对应急准备、应急处置工作实施评估。

矿山、金属冶炼等企业，生产、经营、运输、储存、使用危险物品或处置废弃危险物品的企业，应当每年进行一次应急准备评估。

完成险情或事故应急处置后，企业应当主动配合有关组织开展应急处置评估。

（七）事故管理

企业应建立事故报告程序，明确事故内外部报告的责任人、时限、内容等，并教育、指导作业人员严格按照有关规定的程序报告发生的生产安全事故。

企业应妥善保护事故现场以及相关证据。

事故报告后出现新情况的，应当及时补报。

（1）调查和处理　企业应建立内部事故调查和处理制度，按照有关规定、行业标准和国际通行做法，将造成人员伤亡（轻伤、重伤、死亡等人身伤害和急性中毒）和财产损失的事故纳入事故调查和处理范畴。

企业发生事故后，应及时成立事故调查组，明确其职责与权限，进行事故调查。事故调查应查明事故发生的时间、经过、原因、波及范围、人员伤亡情况及直接经济损失等。

事故调查组应根据有关证据、资料，分析事故的直接、间接原因和事故责任，提出应吸取的教训、整改措施和处理建议，编制事故调查报告。

企业应开展事故案例警示教育活动，认真吸取事故教训，落实防范和整改措施，防止类似事故再次发生。

企业应根据事故等级，积极配合有关人民政府开展事故调查。

（2）管理　企业应建立事故档案和管理台账，将承包商、供应商等相关方在企业内部发生的事故纳入本企业事故管理。

企业应按照《企业职工伤亡事故分类》（GB 6441）、《事故伤害损失工作日标准》（GB/T 15499）的有关规定，和国家、行业确定的事故统计指标开展事故统计分析。

（八）持续改进

1. 绩效评定

企业每年至少应对安全生产标准化管理体系的运行情况进行一次自评，验证各项安全生产制度措施的适宜性、充分性和有效性，检查安全生产和职业卫生管理目标、指标的完成情况。

企业主要负责人应全面负责组织自评工作，并将自评结果向本企业所有部门、单位和作业人员通报。自评结果应形成正式文件，并作为年度安全绩效考评的重要依据。

企业应落实安全生产报告制度，定期向业绩考核等有关部门报告安全生产情况，并向社会公示。

企业发生生产安全责任死亡事故，应重新进行安全绩效评定，全面查找安全生产标准化管理体系中存在的缺陷。

2. 持续改进

企业应根据安全生产标准化管理体系的自评结果和安全生产预测预警系统所反映的趋势，以及绩效评定情况，客观分析企业安全生产标准化管理体系的运行质量，及时调整完善相关制度文件和过程管控，持续改进，不断提高安全生产绩效。

三、 企业安全生产标准化实践分享

（一） 安全生产标准化示范企业创建内容

1. 落实企业安全生产主体责任

公司主要负责人要真正履行其安全生产第一责任人的职责。横向到边、纵向到底，制定安全生产责任制，本着"管生产必须管安全""一岗双责"的原则，实现公司所有岗位都有安全工作职责，做到全员参与、实现岗位达标。

标准要求：岗位职责、岗位人员基本要求、岗位知识和技能要求、行为安全要求、装备防护要求、作业现场安全要求、岗位管理要求、其他要求等。

2. 建立、 健全隐患排查治理体系

根据安全生产标准化创建要求，建立隐患排查治理制度，公司全员参与安全隐患大排查、治理和上报活动，建立隐患排查治理体系，达到 A 类水平，并与当地行政部门进行衔接。

制定符合隐患上报内容的公司、部门、班组三级隐患排查标准，强化隐患排查分类培训，全员每天应进行排查，建立电脑网络信息平台，及时录入、整改、销案隐患，从而达到隐患 A 类水平。

3. 完善岗位安全操作规程

根据示范企业岗位安全操作规程，应明确操作流程、风险辨识（风险分析）、安全要点（控制措施）、严禁事项、防护用品配备使用、应急处置措施等的要求，公司各部门应按照上述内容进行编制，应知应会，熟练掌握，留有记录。

4. 开展安全生产预测、 预警工作

根据工贸行业企业安全生产预警指数系统建设实施指南要求，企业要建立完善安全生产动态监控及预警预报体系，每月进行一次安全生产风险分析。预测系统的功能是进行必要的未来预测，主要包括以下几点。

① 对现有信息的趋势预测，其预测方程是：$y = f(t)$。式中 y 是预测变量、t 是时间。

② 对相关因素的相互影响进行预测，其预测方程为：$y = f(x_1, x_2, \cdots, x_n)$。式中

y 是预测变量，x_1，x_2、…、x_n 为影响变量 y 的一些相关变量。

③ 对征兆信息的可能结果进行预测。

④ 对偶发事件的发生概率、发生时间、持续时间、作用高峰期及预期影响进行预测。

企业可从人、物、环境、管理、事故等五方面进行预警指标初筛。预警指标应包含：事故隐患指标（事故隐患评估、隐患整改率、隐患数量等）、安全教育培训指标（培训时间与法定培训时间或计划培训时间比值、培训效果合格率等）、应急演练指标（应急演练数量、级别、效果影响）、生产安全事故指标（人身伤害事故、生产设备事故等，人身伤害事故指标包括险兆事故、可记录工伤事故、轻伤、重伤、死亡等）。

企业至少每月应生成一次安全生产预警报告。预警报告可分为企业级和车间（部门）级。分析安全生产预警指数上升原因，并采取控制措施。根据冶金、工贸等行业企业安全生产预警系统技术标准，计算指标量化和预警结果。

建立微信、网络信息平台，及时上报、整改、验收、销案，分析报告评估，落实控制措施，闭环管理。

5. 按照国际先进的方法，进行事故/职业卫生调查及统计、分析

企业须对损失工作日 1 日以上的事故、可记录工伤及未遂事故，进行调查及统计。伤亡事故统计要以伤亡事故起数、伤亡人数、千人负伤率、百万工时伤害率、伤害严重率等 ［《企业职工伤亡事故分类》（GB 6441—1986）、《事故伤害损失工作日标准》（GB/T 15499—1995）］指标为基础进行事故统计。

6. 完善企业现场安全警示标线标识

企业现场安全警示标线标识的设置，应依据如下技术标准要求开展。

（1）《安全标志及其使用导则》（GB 2894—2008）；

（2）《安全色》（GB 2893—2008）；

（3）《消防安全标志 第 1 部分：标志》（GB 13495.1—2015）；

（4）《工作场所职业病危害警示标识》（GBZ 158—2003）；

（5）《工业管道的基本识别色、识别符号和安全标识》（GB 7231—2003）；

（6）《道路交通标志和标线》（GB 5768）。

7. 开展与国际同行业先进标准的对比分析工作

企业应专门成立机构，由专职人员进行国外先进安全管理对标工作，自觉提升企业标准与国际接轨，形成长效机制；也可借助集团资源开展这方面工作的推进，使企业达到国际水平。

企业应完善机构与人员设置，确保国际同行业标准收集、比对分析工作能持续长效开展。

8. 岗位达标工作

（1）岗位达标的定义　岗位达标是指依照岗位标准，通过考核、评定或鉴定等方式对岗位人员的知识、技能、素质、操作、管理等进行全面评价，确认其是否达到岗位标准的过程，是企业标准化的基本条件和重要基础。

（2）岗位达标的必要性

① 岗位达标是企业安全生产标准化的基本条件。岗位是企业安全管理的基本单元，在安全生产标准化建设过程中，应当通过考核、评定或鉴定等方式，对每个岗位作业人员的知识、技能、素质、操作、管理，及其作业条件、现场环境等进行全面评价，确认是否达到岗位标准。只有每个岗位，尤其是基层操作岗位，将国家有关安全生产法律法规、标准规范和企业安全管理制度落到实处，实现岗位达标，才能真正实现企业达标。

② 岗位达标是企业开展安全生产标准化建设工作的重要基础。目前工矿商贸行业中大部分企业为中小型企业。这些企业安全管理基础薄弱、事故隐患多，在开展安全生产标准化建设工作时，面临人才短缺、投入不足等实际困难，在逐步完善作业条件、改良安全设施和提高安全生产管理水平的同时，应从开展岗位达标入手，加强安全生产基础建设，重点解决岗位操作问题和作业现场管理问题，为实现企业达标奠定基础。

③ 岗位达标是企业防范事故的有效途径。据统计，企业生产安全事故多数是由"三违"（违章指挥、违规作业、违反劳动纪律）造成的。企业要确保能有效遏制重特大事故的发生、减少事故总量，必须落实各岗位的安全生产责任制，提高岗位人员的安全意识和操作技能，规范作业行为，实现岗位达标，减少和杜绝"三违"现象，全面提升现场安全管理水平，进而防范各类事故的发生。

（3）岗位达标的目标

企业开展岗位达标工作，以基层操作岗位达标为核心，不断提高职工安全意识和操作技能，使职工做到"四不伤害"；规范现场安全管理，实现岗位操作标准化，保障企业达标。

（4）岗位达标的要求

① 制定岗位标准，明确岗位达标要求。企业要结合各岗位的性质和特点，依据国家有关法律法规、标准规范制定各岗位的岗位标准。岗位标准是该岗位人员作业的综合规范和要求，其内容必须具体全面、切实可行。

岗位人员基本要求：年龄、学历、上岗资格证书、职业禁忌证等。

岗位知识和技能要求：熟悉或掌握本岗位的危险有害因素（危险源）及其预防控制措施、安全操作规程、岗位关键点和主要工艺参数的控制、自救互救及应急处置措施等。

② 行为安全要求。严格按操作规程进行作业，执行作业审批、交接班等规章

制度，禁止各种不安全行为及与作业无关行为，对关键操作进行安全确认，不具备安全作业条件时拒绝作业。

③ 装备护品要求。生产设备及其安全设施、工具的配置、使用、检查和维护，个体防护用品的配备和使用，应急设备器材的配备、使用和维护等。

④ 作业现场安全要求。作业现场清洁有序，作业环境中粉尘、有毒物质、噪声等浓度（强度）符合国家或行业标准要求，工具物品定置摆放，安全通道畅通，各类标识和安全标志醒目等。

⑤ 岗位管理要求。明确岗位工作任务，强化岗位培训，开展隐患排查，加强安全检查，分析事故风险，铭记防范措施并严格落实到位。

⑥ 其他要求。结合本企业、专业及岗位的特点，提出的其他岗位安全生产要求。企业要定期评审、修订和完善岗位标准，确保岗位标准持续符合安全生产的实际要求。在国家法律法规和标准规范、企业的生产工艺和设备设施、岗位职责等发生变化时，及时对岗位标准进行修订、完善。

（5）开展岗位达标工作的组织与准备

① 建立、健全各级安全生产管理体制，明确各级安全负责人并明确分工，按各自职责范围和要求开展工作。

② 安全管理目标明确具体，"人人不违章，班组无轻伤"，确保无人身伤亡事故、设备设施事故、环境污染事件、交通事故及其他安全生产事故或事件发生。

③ 所有人做到"八懂四会"。"八懂"即懂规章制度、懂安全技术知识、懂岗位操作法、懂设备结构和性质、懂工艺流程及原理、懂职业危害和防治、懂防火防爆知识、懂伤亡事故报告和伤亡急救知识；"四会"即会操作设备保养设备、会预防事故和排除故障、会正确使用防护用品、会使用灭火器材。

④ 建立健全台账，并认真记录，严格考核。应建立的台账记录有：事故、违章、违纪和避免事故考核台账，合理化建议和对安全生产有贡献的人员台账，安全检查及隐患整改台账，安全活动记录，班前安全告知记录，班组安全教育和学习记录。

⑤ 认真做好安全教育，认真开展安全活动，做到人员、时间、内容、制度、效果落实；严格执行班前安全告知、班中安全检查、班后安全讲评制度；工作前开展危险预知，确保安全生产。

⑥ 统一着装标准，并严格按岗位标准作业。

⑦ 严格执行以岗位责任制为中心的各项制度，即岗位责任制度、安全生产事故责任追究制度、设备维护保养制度、交接班制度、巡回检查制度、质量责任制度等。

⑧ 严格执行班前、班后会的程序和规定。

（6）岗位达标的保障措施

① 落实企业责任，规范岗位达标。企业是岗位达标的主体，要切实加强对岗位达标工作的领导，紧密结合生产经营实际，突出重点岗位和关键环节，组织制定本企业推进岗位达标工作的方案，并建立有关岗位达标工作制度，定期组织开展岗位达标工作检查，做到"岗位有职责、作业有程序、操作有标准、过程有记录、绩效有考核、改进有保障"，提高达标质量，确保岗位达标工作持续、有效地开展。

② 加大宣教力度，提升岗位技能。企业要增强岗位教育培训，尤其是基层岗位教育培训的针对性，使员工具备危险预知能力、应急处置能力、安全操作技能等，自觉抵制"三违"行为；要充分利用班前班后会、安全讲座、安全知识竞赛和安全日活动等各种方式，开展经常性、职工喜闻乐见的安全教育培训，不断强化和提升员工的安全意识和技能。

③ 制定奖罚措施，促进岗位达标。企业要建立并完善企业岗位达标工作的激励和约束机制，制定具体的奖罚措施，将岗位达标与职工薪酬福利、职位晋升、评先评优等挂钩；对规定期限内不达标的，采取重新培训、调岗、待岗等措施。

④ 加大安全投入，创造达标条件。企业要加大安全投入，为开展岗位达标工作提供人、财、物等方面的条件，确保作业环境、安全设施、人员防护等方面符合国家有关法律法规和标准规范的要求，为岗位达标及现场标准化创造条件。

⑤ 树立典型示范，引领岗位达标。企业在岗位达标工作中，应积极总结经验，学习借鉴其他企业岗位达标工作的经验和做法，在企业内树立岗位达标的典型，鼓励员工互帮互学，开创"你追我赶、争创岗位达标"的局面，进一步推动和促进岗位达标。

（二）企业安全生产标准化创建工作的体会

1. 领导重视是关键

企业安全生产标准化创建工作是一项系统工程，涉及企业的全员、全过程和全方位。因此，只有企业领导高度重视，才能在人、财、物等方面给予支持和投入，确保目标的实现。

2. 教育培训是基础

实践证明，企业安全生产标准化创建，无论政府监管人员，还是企业管理和作业人员，准确理解、把握《企业安全生产标准化评审标准》内容的实质含义，增强全员的安全意识，对于开展安全生产标准化工作具有重要的积极意义。因此，要达到该目的，必须采用教育培训这一有效方法。

教育培训要有安全的专项培训计划，计划须经过需求分析，安全标准化及制度、规程的培训必须全覆盖，培训记录资料要齐全，培训、考核有针对性、层次性。

3. 责任落实是核心

企业安全生产标准化创建工作涉及企业各部门和各层级人员，且《企业安全生产标准化评审标准》要求覆盖了与安全生产相关的所有内容。因此，在企业安全生产标准化创建工作中，落实各级政府及部门的安全监管职责，以及企业各级安全生产职责，构建安全生产监督和管理网络尤为重要。

4. 全员参与创建

实践证明，全面开展安全生产标准化建设，能消除企业生产经营中的事故隐患，有效控制安全风险，达到本质安全水平。把安全生产工作作为企业发展的重要大事来抓，是全体同仁的共识，也体现出企业对员工的关怀和负责。因此，在安标创建过程中，只有全员参与、全员重视，才能真正把安全意识、理念和措施落到实处。

5. 综合治理是途径

企业在对照《企业安全生产标准化评审标准》实施安标整改的过程中，必须采取多种途径，实行综合治理，才能达到事半功倍的效果。

6. 长效机制是方向

企业安全生产标准化创建工作是过程，而巩固其成果、形成安全生产的长效机制则是我们追求的根本目的。

7. 岗位达标是重点

岗位达标是指依照岗位标准通过考核、评定或鉴定等方式，对岗位人员的知识、技能、素质、操作、管理等进行全面评价，确认其是否达到岗位标准的过程，是企业标准化的基本条件和重要基础。

岗位达标的总体要求是企业开展岗位达标创建，以基层操作岗位达标为核心，不断提高职工安全意识和操作技能，实现岗位操作标准化、作业现场标准化，使员工做到"四不伤害"，即不伤害自己、不伤害别人、不被别人伤害、监督他人不被伤害。各行业（领域）企业要通过岗位达标逐步实现专业达标和企业达标。

（沈敏）

第四节　生产过程危险和有害因素分类

根据《生产过程危险和有害因素分类与代码》（GB/T 13861—2009），按可能导致生产过程中的危险和有害因素的性质进行分类。生产过程危险和有害因素共分为四大类，分别是人的因素、物的因素、环境因素、管理因素。

一、 人的因素

1. 心理、 生理性危险和有害因素

（1）负荷超限　包括体力负荷超限（指易引起疲劳、劳损、伤害等的负荷超限）、听力负荷超限、视力负荷超限、其他负荷超限。

（2）健康状况异常　指伤、病期等。

（3）从事禁忌作业。

（4）心理异常　包括情绪异常、冒险心理、过度紧张、其他心理异常。

（5）辨识功能缺陷　包括感知延迟、辨识错误、其他辨识功能缺陷。

（6）其他心理、生理性危险和有害因素。

2. 行为性危险和有害因素

（1）指挥错误　包括指挥失误（包括生产过程中各级管理人员的指挥）、违章指挥、其他指挥错误。

（2）操作错误　包括误操作、违章操作、其他操作错误。

（3）监护失误。

（4）其他行为性危险和有害因素（包括脱岗等违反劳动纪律行为）。

二、 物的因素

1. 物理性危险和有害因素

（1）设备、设施、工具、附件缺陷　包括强度不够；刚度不够；稳定性差（抗倾覆、抗位移能力不够，包括重心过高、底座不稳定、支承不正确等）；密封不良（指密封件、密封介质、设备辅件、加工精度、装配工艺等缺陷；以及磨损、变形、气蚀等造成的密封不良）；耐腐蚀性差；应力集中；外形缺陷（指设备、设施表面的尖角利棱和不应有的凹凸部分等）；外露运动件（指人员易触及的运动件）；操纵器缺陷（指结构、尺寸、形状、位置、操纵力不合理及操纵器的失灵、损坏等）；制动器缺陷；控制器缺陷；设备、设施、工具、附件等其他缺陷。

（2）防护缺陷　包括无防护；防护装置、设施缺陷（指防护装置、设施本身安全性、可靠性差，包括防护装置、设施、防护用品损坏、失效、失灵等）；防护不当（指防护装置、设施和防护用品不符合要求、使用不当，不包括防护距离不够）；支撑不当（包括矿井、建筑施工支持不符要求）；防护距离不够（指设备布置、机械、电气、防火、防爆等安全距离不够和卫生防护距离不够等）；其他防护缺陷。

（3）电伤害　包括带电部位裸露（指人员易触及的裸露带电部位）、漏电、静电和杂散电流、电火花、其他电伤害。

（4）噪声　包括机械性噪声、电磁性噪声、流体动力性噪声、其他噪声。

（5）振动危害　包括机械性振动、电磁性振动、流体动力性振动、其他振动危害。

（6）电离辐射　包括 X 射线、γ 射线、α 粒子、β 粒子、中子、质子、高能电子束等。

（7）非电离辐射　包括紫外辐射、激光辐射、微波辐射、超高频辐射、高频电磁场、工频电场。

（8）运动物伤害　包括抛射物，飞溅物，坠落物，反弹物，土、岩滑动，料堆（垛）滑动，气流卷动，其他运动物伤害。

（9）明火。

（10）高温物质　包括高温气体、高温液体、高温固体、其他高温物体。

（11）低温物质　包括低温气体、低温液体、低温固体、其他低温物体。

（12）信号缺陷　包括无信号设施（指应设信号设施处无信号，如无紧急撤离信号等）；信号选用不当；信号位置不当；信号不清（指信号量不足，如响度、亮度、对比度、时间维持时间不够）；信号显示不准（包括信号显示错误、显示滞后或超前）；其他信号缺陷。

（13）标志缺陷　包括无标志、标志不清晰、标志不规范、标志选用不当、标志位置缺陷、其他标志缺陷。

（14）有害光照　包括直射光、反射光、眩光、频闪效应等。

（15）其他物理性危险和有害因素。

2. 化学性危险和有害因素（根据 GB 13690 中的规定）

（1）爆炸品。

（2）压缩气体和液化气体。

（3）易燃液体。

（4）易燃固体、自然物品和遇湿易燃物品。

（5）氧化剂和有机过氧化物。

（6）有毒品。

（7）放射性物品。

（8）腐蚀品。

（9）粉尘与气溶胶。

（10）其他化学性危险和有害因素。

3. 生物性危险和有害因素

（1）致病微生物　包括细菌、病毒、真菌、其他致病微生物。

（2）传染病媒介物　包括致害动物、致害植物、其他生物性危险和有害因素。

三、 环境因素

1. 室内作业场所环境不良

（1）室内地面滑　指室内地面、通道、楼梯被任何液体、熔融物质润湿，结冰或有其他易滑物等。

（2）室内作业场所狭窄。

（3）室内作业场所杂乱。

（4）室内地面不平。

（5）室内梯架缺陷　包括楼梯、阶梯、电动梯和活动梯架，以及这些设施的扶手、扶栏和护栏、护网等。

（6）地面、墙和天花板上的开口缺陷　包括电梯井、修车坑、门窗开口、检修孔、孔洞、排水沟等。

（7）房屋地基下沉。

（8）室内安全通道缺陷　包括无安全通道、安全通道狭窄、不畅等。

（9）房屋安全出口缺陷　包括无安全出口、设置不合理等。

（10）采光照明不良房屋安全出口缺陷　指指度不足或过强、烟尘弥漫影响照明等。

（11）作业场所空气不良　指自然通风差、无强制通风、风量不足或气流过大、缺氧、有害气体超限等。

（12）室内温度、湿度、气压不适。

（13）室内给、排水不良。

（14）室内涌水。

（15）其他室内作业场所环境不良。

2. 室外作业场地环境不良

（1）恶劣气候与环境　包括风、极端的温度、雷电、大雾、冰雹、暴雨雪、洪水、浪涌、泥石流、地震、海啸等。

（2）作业场地和交通设施湿滑　包括铺设好的地面区域、阶梯、通道、道路、小路等被任何液体、熔融物质润湿、冰雪覆盖或有其他易滑物等。

（3）作业场地狭窄。

（4）作业场地杂乱。

（5）作业场地不平　包括不平坦的地面和路面，有铺设的、未铺设的、草地、小鹅卵石或碎石地面和路面。

（6）航道狭窄、有暗礁或险滩。

（7）脚手架、阶梯和活动梯架缺陷　包括这些设施的扶手、扶栏和护栏、护网等。

（8）地面开口缺陷　包括升降梯井、修车坑、水沟、水渠等。

（9）建筑物和其他结构缺陷　包括建筑中或拆毁中的墙壁、桥梁、建筑物，简仓、固定式粮仓、固定的槽罐和容器，屋顶、塔楼等。

（10）门和围栏缺陷　包括大门、栅栏、畜栏和铁丝网等。

（11）作业场地基础下沉。

（12）作业场地安全通道缺陷　包括无安全通道、安全通道的狭窄、不畅等。

（13）作业场地安全出口缺陷　包括无安全出口、设置不合理等。

（14）作业场地光照不良　指光照不足或过强、烟尘弥漫影响光照等。

（15）作业场地空气不良　指自然通风差或气流过大、作业场地缺氧、有害气体超限等。

（16）作业场地温度、湿度、气压不适。

（17）作业场地涌水。

（18）其他室外作业场地环境不良。

3. 地下（含水下）作业环境不良

此处不包括以上室内、室外作业环境已列出的有害因素。

（1）隧道或矿井顶面缺陷。

（2）隧道或矿井正面或侧壁缺陷。

（3）隧道或矿井地面缺陷。

（4）地下作业面空气不良　包括通风差或气流过大、缺氧、有害气体超限等。

（5）地下火。

（6）冲击地压　指井巷（采场）周围的岩石（如煤体）等物质在外载作用下产生的变形能，当力学平衡状态受到破坏时，瞬间释放，将岩体、气体、液体急剧、猛烈抛（喷）出，造成严重破坏的一种井下动力现象。

（7）地下水。

（8）水下作业供氧不当。

（9）其他地下（含水下）作业环境不良。

4. 其他作业环境不良

（1）强迫体位　指生产设备、设施的设计或作业位置不符合人类工效学要求，而易引起作业人员出现疲劳、劳损或事故的一种作业姿势。

（2）综合性作业环境不良　指显示有两种以上作业环境致害因素，且不能分清主次的情况。

（3）以上未包括的其他作业环境不良。

四、 管理因素

1. 职业安全卫生组织机构不健全

该项指组织机构的设置和人员的配置。

2. 职业安全卫生责任制未落实

3. 职业安全卫生管理规章制度不完善

（1）建设项目"三同时"制度未落实。

（2）操作规程不规范。

（3）事故应急预案及响应缺陷。

（4）培训制度不完善。

（5）其他职业安全卫生管理规章制度不健全。

此处包括隐患管理、事故调查处理等制度不健全。

4. 职业安全卫生投入不足

5. 职业健康管理不完善

6. 其他管理因素缺陷

（黄世文、许晓丽）

第五节　职业病危害因素

一、 职业病危害因素概述

职业病危害因素又称职业性有害因素，是指在职业活动中产生或存在的、可能对职业人群健康、安全和作业能力造成不良影响的因素或条件。

职业病危害因素分类方法主要有两种：一是按照职业病危害因素来源分类、二是按照可导致的法定职业病分类。

（一） 按职业病危害因素来源分类

1. 生产工艺过程中产生的有害因素

生产工艺过程中产生的有害因素包括化学因素、物理因素、生物因素。

（1）化学因素　在生产中接触到的原料、中间产品、成品，以及生产过程中的废气、废水、废渣中的化学毒物均可对健康产生危害。化学性毒物以粉尘、烟尘、雾、蒸气或气体的形态散布于车间空气中，主要经呼吸道进入体内，还可经皮肤、消化道进入体内。

常见的化学性有害因素包括生产性毒物和生产性粉尘。

① 生产性毒物。包括金属、类金属及其化合物，刺激性气体，窒息性气体，有机化合物，高分子化合物，农药等。

金属、类金属及其化合物：铅、汞、镉、铬、镍、锰、铍、砷等及其化合物，金属烟热（镉、铬、镍、锰、砷、铅的氧化物）等。

刺激性气体：氯、氟、溴、碘、氟化物、三氯化砷、光气、溴甲烷、二氧化硫、二氧化氮、三氧化硫、铬酐、氯化氢、氟化氢、溴化氢、硫酸、盐酸、硝酸、氢氟酸、铬酸、氨、乙胺、甲醛、乙醛、丙烯醛、硫酸二甲酯等。

窒息性气体：一氧化碳、二氧化碳、氰化物、硫化物、甲烷、氮气、乙烷、乙烯、苯的氨基或硝基化合物蒸气等。

有机化合物：苯、甲苯、汽油、三氯甲烷、三氯乙烯、二氯乙烷、四氯化碳、苯胺、硝基苯、三硝基甲苯等。

高分子化合物：在生产塑料、合成纤维、合成橡胶、黏合剂和离子交换树脂等高分子化合物使用的有机单体，如氯乙烯、苯乙烯、丙烯腈、氯丁二烯、甲醛、苯酚、联苯醚等。

农药：有机磷（对硫磷、乐果）、有机氯（毒杀芬、氯丹）、氨基甲酸酯类（西维因、呋喃丹）、有机氮（杀虫脒等）和拟除虫菊酯（溴氰菊酯、氯氰菊酯等）等其他成分的农药。

② 生产性粉尘。包括无机粉尘、有机粉尘。

无机粉尘：石英、石棉、滑石粉、煤粉、金刚砂、水泥、金属（铁、锡、铝、锰、锌、铍等及其化合物）粉尘等。

有机粉尘：动物的毛、丝、骨质、角质等粉尘，植物的棉、亚麻、枯草、甘蔗、谷物、木、茶等粉尘，化学生产及有机合成的有机农药、有机染料、合成树脂、合成橡胶、合成纤维等。

（2）物理因素　常见的不良物理因素主要有异常气象条件（如高温、高湿、低温、高气压、低气压）、噪声、振动、非电离辐射（如超高频辐射、高频电磁场、微波、紫外线、红外线、激光等）、电离辐射（如 X 射线、γ 射线等）。此外，还包括以上未提及的、可导致职业病的其他物理因素。

（3）生物因素　生产原料和作业环境中存在的致病微生物或寄生虫，如艾滋病病毒、布鲁氏菌、森林脑炎病毒、炭疽芽孢杆菌等。此外，还包括以上未提及的、可导致职业病的其他生物因素。

2. 劳动过程中的有害因素

劳动过程是生产中劳动者为完成某项生产任务的各种操作的总和，主要涉及劳动强度、劳动组织和操作方式等。

常见的不良因素主要有不合理的劳动组织和作息制度、精神（心理）性职业紧张（如机动车驾驶）、劳动强度过大或生产定额不当（如安排的工作与生理状况不相适应等）、个别器官或系统过度紧张（如视力紧张、发音器官过度紧张等）、长时间处于不良体位、姿势或使用不合理的工具等。

3. 工作环境中的有害因素

工作环境是劳动者操作、观察、管理生产活动所处的外环境，涉及作业场所的建筑布局、卫生防护、安全条件和设施设备等因素。

常见的不良因素主要有自然环境中的因素（如炎热季节的太阳辐射、深井的高温高湿等）、厂房建筑或布局不合理、不符合职业卫生标准（如通风不良、采光照明不足、有毒无毒工段同在一个车间等）、由不合理生产过程或不当管理所致的环境污染。

（二）按导致的法定职业病分类

根据现阶段我国的经济发展水平，并参考国际通行做法，将职业病危害因素按导致法定职业病的种类分为以下十一大类。

1. 粉尘类

该类如矽尘、工尘、石墨尘、炭黑尘、石棉、滑石尘、水泥尘、云母尘、陶工尘、铝尘、电焊烟尘、铸造粉尘等。

2. 放射性物质类（电离辐射）

该类如 X 射线、γ 射线等。

3. 化学物质类

该类如金属、类金属及其化合物，刺激性气体，窒息性气体，有机化合物，高分子化合物生产中的毒物，农药等。

4. 物理因素

该类如高温、高湿、低温、高气压、低气压、噪声、振动、激光等。

5. 生物因素

该类如艾滋病病毒、布鲁氏菌、森林脑炎病毒、炭疽芽孢杆菌等。

6. 导致职业性皮肤病的危害因素

该类如铬、强酸、强碱、三氯甲烷、煤焦沥青、有机溶剂等。

7. 导致职业性眼病的危害因素

该类如强酸、强碱、刺激性化合物、紫外辐射、电离辐射、三硝基甲苯、高温、激光等。

8. 导致职业性耳鼻喉口腔疾病的危害因素

该类如噪声、铬（铬鼻病）、酸雾（牙酸蚀病）等。

9. 导致职业性肿瘤的危害因素

该类如石棉、联苯胺、萘胺、氯甲醚、苯、砷、氯乙烯、焦炉烟气、铬等。

10. 导致职业性传染病的危害因素

该类如炭疽、布鲁菌、人类免疫缺陷病毒。

11. 导致其他职业病的危害因素

该类如金属加热过程中释放出的大量新生成的金属氧化物粒子，以及不良体位等。

二、生产性粉尘

与生产过程有关而产生的粉尘叫做生产性粉尘。生产性粉尘对人体有多方面的不良影响，尤其是含有游离二氧化硅的粉尘，能引起严重的职业病——硅沉着病（俗称矽肺）。

生产性粉尘来源于固体物质的机械加工、粉碎，金属的研磨、切削，矿石或岩石的钻孔、爆破、破碎等，有机物质的不完全燃烧所产生的烟。此外，粉末状物质在混合、过筛、包装、搬运等操作过程中会产生扬尘等。

根据生产性粉尘的性质可分为三类：无机性粉尘，如硅石、石棉、铁、锡、铝、水泥、金刚砂等；有机性粉尘，如棉、麻、面粉、木材、骨质、炸药、人造纤维等；混合性粉尘，如煤矽尘、电焊烟尘等。混合性粉尘较常见。

1. 粉尘在人体内的转归

粉尘进入人体后，会在呼吸道内沉积。人体对粉尘会产生一系列的防御和清除等应激反应，未清除出呼吸道的粉尘会给人体带来致病性影响。

（1）粉尘在呼吸道的沉积　粉尘经呼吸道吸入人体后，主要通过撞击、重力沉积、弥散、静电沉积、截留等运动而沉降在从鼻腔到肺泡的各个部位。粒径较大的粉尘在大气道分叉处可通过撞击和重力沉降而沉积，粒径较小的粉尘主要通过截留作用而沉积。影响粉尘在呼吸道沉积的主要因素是尘粒的大小、形状、密度，以及空气的流向、流速等。不同粒径的粉尘在呼吸道不同部位沉积的比例也不同。

（2）呼吸道对粉尘的清除　鼻咽部和气管的阻留作用：粉尘随气流进入人体后沉积在呼吸道表面，呼吸道平滑肌的异物反应性收缩可使气道截面积缩小，减少含有粉尘的气流进入，并可产生咳嗽和喷嚏等反射，排出粉尘。

气管上皮黏液纤毛系统的排出作用：气管上皮细胞表面的纤毛和覆盖在其上面的黏液组成"黏液纤毛系统"。正常情况下，阻留在气管内的粉尘黏附在表面的黏液层上，纤毛向咽喉部位有规律地摆动，将黏液层中的粉尘通过气管黏膜所分泌的痰液，将尘粒排出体外，这种方式称为"气管排出"。如果长期大量吸入粉尘，黏液纤毛系统的功能和结构会遭到损害，粉尘清除能力大大降低，从而导致粉尘在呼吸道滞留。

肺泡巨噬细胞的吞噬作用：进入到肺泡内的尘粒，被肺泡巨噬细胞吞噬，形成尘细胞。大部分尘细胞通过阿米巴样运动及肺泡的舒张转移至纤毛上皮表面，再通过纤毛运动而清除。小部分尘细胞因粉尘作用受损、坏死、崩解，尘粒游离后再被巨噬细胞吞噬，如此循环往复，这种方式称为"肺清除"。

经过上述清除作用，可以排出进入人体内 97%～99% 的尘粒，只有 1%～3% 的尘粒沉积在体内。如果长期吸入粉尘可削弱上述各项清除功能，导致粉尘过量沉积，酿成肺组织病变，引起疾病。

2. 粉尘对健康的影响

所有粉尘颗粒对人体都是有害的，不同特性的生产性粉尘，可能引起机体不同部位及其不同程度的损害。如可溶性有毒粉尘进入呼吸道后，能很快被吸收入血流，引起中毒作用；某些硬质粉尘可机械性损伤角膜和结膜，引起角膜混浊和结膜炎等；粉尘堵塞皮脂腺和机械性刺激皮肤时，可引起粉刺、毛囊炎、脓皮病及皮肤皲裂等。

生产性粉尘对机体的损害是多方面的，直接的健康损害以呼吸道为主，局部以刺激和炎性作用为主。损害主要有：①致纤维化作用——尘肺，②局部作用，③致敏作用，④致癌作用，⑤感染作用，⑥全身作用。其中，对机体影响最大的是呼吸系统损害，包括肺尘埃沉着病（又称尘肺）、粉尘沉着症、呼吸道炎症和呼吸系统肿瘤等疾病。

尘肺：是长期吸入生产性粉尘而引起的、以肺组织纤维化为主的全身性疾病。其特征是肺内有粉尘阻留并有胶原型纤维增生和肺组织反应，肺泡结构永久性破坏。据统计，尘肺病例约占我国职业病总人数的 70% 以上。

矽肺：是在生产过程中，因长期吸入含有游离 SiO_2 粉尘达到一定量引起的、以肺部组织纤维化为主的疾病。矽肺是尘肺中进展最快、最为严重、最常见和影响面最广的一种职业病，是危害我国工人健康最主要的职业性有害因素之一。

我国 2013 年公布实施的《职业病分类和目录》，规定了 12 种尘肺名单，即矽肺、煤工尘肺、石墨尘肺、炭黑尘肺、石棉肺、滑石尘肺、水泥尘肺、云母尘肺、陶工尘肺、铝尘肺、电焊工尘肺、铸工尘肺。此外，还包括据《尘肺病诊断标准》和《尘肺病理诊断标准》可以诊断的其他尘肺病。

三、生产性毒物

生产过程中生产或使用的有毒物质称为生产性毒物。生产性毒物可存在于原料、辅助材料、气体、蒸气、雾、烟和气溶胶中，劳动者在生产过程中由于接触生产性毒物而引起的中毒称为职业中毒。

1. 生产性毒物进入人体的途径

在生产劳动过程中主要有以下操作或生产环节能接触到毒物：①生产过程中接触，如原料的开采、提炼，加料和出料，成品的处理、包装等。②使用过程中接触，如材料的加工、搬运、储藏，化学反应控制不当，管道、钢瓶泄漏，设备的保养、检修等。

生产性毒物进入人体的途径主要有三种：呼吸道、皮肤和消化道。

（1）通过呼吸道　呼吸道是毒物进入人体的主要途径，呈气体、蒸气、气溶胶状态的毒物可经呼吸道进入体内。因肺泡呼吸膜极薄，扩散面积大（50～100m³），供血丰富，大部分生产性毒物均由此途径吸收进入人体而导致中毒。经呼吸道吸收的毒物，未经肝脏的生物转化解毒过程即直接进入大循环并分布于全身，故其毒发作用较快。

毒物粒子大小、水溶性、毒物在肺泡气与血浆中的分压差、血/气分配系数、呼吸的深度和速度、循环速度、环境条件等均可影响毒物进入人体的量。

（2）通过皮肤　皮肤对外来化合物具有屏障作用，但确有不少外来化合物可经皮肤吸收。毒物通过皮肤进入人体主要有两种途径：一是通过表皮屏障→真皮→血液循环；二是通过汗腺、毛囊与皮脂腺绕过表皮屏障→真皮。毒物不经生物转化直接进入大循环。

当皮肤有病损或遭腐蚀性毒物损伤时，原本难经完整皮肤吸收的毒物也能进入。接触皮肤的部位和面积、毒物的浓度和黏稠度、生产环境的温度和湿度等因素均可影响毒物经皮吸收的数量。

（3）通过消化道　毒物通过消化道进入人体主要有三种途径：一是经咽部吞咽；二是随吸烟、饮食进入；三是意外事故，即事故性误服。

2. 生产性毒物对健康的影响

由于生产性毒物的毒性、接触浓度和时间、个体差异等因素的影响，职业中毒可表现为三种临床类型。

急性中毒：指毒物一次或短时间（几分钟或数小时）内大量进入人体而引起的中毒，如急性苯中毒、氯气中毒等。

慢性中毒：指毒物少量、长期进入人体而引起的中毒，如慢性铅中毒、锰中毒等。

亚急性中毒：发病情况介于急性和慢性之间，如亚急性铅中毒，发病时间为接触毒物数天至 3 个月而引起机体功能和（或）器质性损害。

此外，脱离接触毒物一定时间后，才出现中毒临床病变，称为迟发性中毒，如锰中毒等。毒物或其代谢产物在体内超过正常范围，但无该毒物所致临床表现，呈亚临床状态，称毒物的吸收，如铅吸收。

由于毒物本身的毒性和毒作用特点、接触剂量等各不相同，职业中毒的临床表现多种多样，尤其是多种毒物同时作用于机体时更为复杂，可涉及全身各个系统，出现多脏器损害。化学毒物对人体损害类别主要有以下几种。

（1）神经系统　许多毒物可选择性损害神经系统，尤其是中枢神经系统对毒物更为敏感，以中枢和周围神经系统为主要毒作用靶器官或靶器官之一的化学物质统称为神经毒物。

短时间内接触过量化学毒物可引起中枢神经系统功能和结构的改变，主要表现为中毒性脑病。这样的化学毒物有铅、锰、汞、铊、苯化合物、汽油、二硫化碳、二氯乙烷、三氯乙烯等。

周围神经系统的病变起病急、发展快，表现为肢体远端对称性感觉、运动障碍及腱反射的减退或消失，或伴有自主神经功能的障碍。这样的化学毒物有砷、铊、三邻甲苯磷酸酯、甲胺磷等。

（2）呼吸系统　呼吸系统是毒物进入机体的主要途径，最容易遭受气态毒物的损害。引起呼吸系统损害的生产性毒物主要是刺激性气体。如氯气、光气、氮氧化物、二氧化硫、硫酸二甲酯等，可引起急性中毒性咽喉炎、气管炎、支气管炎、支气管肺炎，严重时可产生急性喉阻塞、急性肺水肿、呼吸窘迫综合征。

（3）血液系统　毒物吸收是指经各种途径进入血液。许多毒物对血液系统具有毒害作用，或分别或同时引起造血功能抑制、血细胞损害、血红蛋白变性、出血凝血机制障碍等。常见有中毒性高铁血红蛋白血症、中毒性硫血红蛋白血症、中毒性溶血、中毒性粒细胞缺乏症等。这样的化学毒物有亚硝酸盐、苯胺等。

（4）生殖系统　毒物对生殖系统的毒害作用包括对接触者本人的生殖及其对子代发育过程的不良影响，包括生殖毒性和发育毒性。如铅、镉、汞等重金属，可损害睾丸的生精过程，导致精子数量减少、畸形率增加、活动能力减弱；使女性月经先兆症状发生率增高、月经周期和经期异常、痛经及月经血量改变。

（5）消化系统　消化系统是毒物吸收、生物转化、排出和经肠肝循环再吸收的场所，许多生产性毒物可损害消化系统。肝脏是大部分化学毒物进行生物转化的器官。黄磷、三氧化二砷、磷化氢、四氯化碳、苯胺类等可引起中毒性肝损害。铅中毒、铊中毒时可出现腹绞痛。接触汞、酸雾等物质可引起口腔炎。

（6）泌尿系统　肾脏是毒物最主要的排泄器官，也是许多化学物质的贮存器官之一。泌尿系统尤其是肾脏成为许多毒物的靶器官。化学毒物引起肾组织的损害，主要是肾小管的损害。主要化学毒物有汞、砷、镉、铬、钡、四氯化碳等。

（7）循环系统　毒物可引起心血管系统损害。许多金属毒物和有机溶剂可直接损害心肌，如铊、四氯化碳等。一氧化碳、二氧化碳、硫化氢、氰化物、汞、砷等可对心血管的毒作用或继发于其他中毒性损伤。

（8）眼部　毒物可引起多种眼部病变。接触气态、液态或固态刺激性及腐蚀性化学毒物会造成眼部组织的腐蚀性损害，如硫酸、氢氧化钠等。三硝基甲苯、二硝基酚可致白内障，甲醇可致视神经炎、视网膜水肿、视神经萎缩甚至失明等。

（9）皮肤　职业性皮肤病约占职业病总数的 40%～50%，其致病因素中化学因素占 90% 以上。硫酸、石灰、沥青、硝酸、氨、氢氟酸、酚等可引起化学灼伤；砷、煤焦油等可引起职业性皮肤肿瘤。

（10）其他　某些毒物对人体产生远期影响，具有致突变作用、致畸作用和致癌作用。氰化物、硫化氢等化学物质可引起猝死。

四、物理因素

工作场所常见的不良物理因素有高温、高湿、低温、高气压、低气压、噪声、振动、超高频辐射、高频电磁场、微波、紫外线、红外线、激光、X 射线、γ 射线等。物理性有害因素除了激光是用人工产生以外，生产和工作环境中的其他常见物理性有害因素在自然界均有存在，是人体生理活动或从事生产劳动所必须接触的。根据物理因素的特点，绝大多数物理性有害因素在脱离接触后体内不再残留。对物理性有害因素所致损伤或疾病的治疗，主要是针对损害的组织器官和病变特点采取相应的治疗措施，也不是将其减少到越低越好，而是设法控制在合理范围内，条件允许时使其保持在适宜范围内则更好。

（一）高温

1. 高温作业类型

高温作业是指在生产劳动过程中，工作地点平均湿球黑体温度（WBGT）指数大于或等于25℃的作业。高温作业按其气象条件的特点，可分为高温强热辐射作业、高温高湿作业和夏季露天作业三种类型。

（1）高温强热辐射作业　高温强热辐射作业是具有高温度，热辐射比较大而相对湿度较低，形成干热环境气象条件特点的主要工作场所。主要职业接触是冶金工业和炼焦、炼铁轧钢等车间，机械制造工业的铸造、锻造、热处理车间，陶瓷、玻璃、搪瓷等工业的炉窑车间，火力发电厂和轮船的锅炉间等。

（2）高温高湿作业　高温高湿作业是具有高温、高湿，而热辐射强度不大，形成湿热环境气象特点的生产工作场所。主要职业接触是印染、缫丝、造纸等工业中的液体熏煮车间、潮湿的深矿井、通风不良的作业场所。

（3）夏季露天作业　如建筑、搬运、露天采矿，以及各种农田劳动等。高温和强辐射主要来源于太阳直接辐射作业，还受到加热地面和周围物体的二次辐射源。

2. 高温作业对机体的影响

在高温热辐射环境中，人体的产热和受热量持续大于散热量，就容易导致机体热平衡失调、水盐代谢紊乱，严重者可引起中暑，具体表现如下。

（1）对生理功能的影响　高温作业时，人体可出现体温调节、水量代谢、循环系统、消化系统、泌尿系统等方面的适应性变化。主要表现在体温调节障碍，由于体内蓄热、体温升高、大量水分丧失，可引起水盐代谢平衡紊乱，导致体内酸碱平衡和渗透压失调，心律、脉搏加快，皮肤血管扩张及血管紧张度增加，加重心脏负担、血压下降。但重体力劳动时，血压也可能增加、消化道缺血、胃液酸度降低、淀粉酶活性下降，造成消化不良或其他胃肠疾病增加；高温条件下，若水量供应不足，可使尿液浓缩，增加肾脏负担，有时可见到肾功能不全等，造成动作的准确性和协调性及反应速度降低。

（2）热适应　热适应是指人在热环境中工作一段时间后对热负荷产生可适应或耐受的现象。此时从事同等强度的劳动会汗量增加，汗液中的无机盐含量减少，皮肤温度和中心体温先后降低，心率明显下降。此外，机体热适应后合成一组新的蛋白质即热应激蛋白，可保护机体免受高温的致死性损伤。

（3）中暑　中暑是高温环境下，由于热平衡或水盐代谢紊乱而引起的一种以中枢神经系统或血管系统障碍为主要表现的急性热致疾病。根据临床表现，中暑可分为先兆中暑、轻症中暑、重症中暑。其中重症中暑又可分为三种类型：热射病（含日射病）、热痉挛和热衰竭。这种分类是相对的，临床上往往难以区分，有时以单一类型出现，亦可多种类型并存。我国职业病名单统称为中暑。

① 热射病。该病是因人体在热环境下，散热途径受阻，体温调节机制失调所致。其临床特点为突然发病，体温升高可达 40℃ 以上，开始时大量出汗，以后出现"无汗"，并伴有干热和意识障碍、嗜睡、昏迷等中枢神经系统症状，死亡率甚高。

② 热痉挛。该病是由于大量出汗，体内钠、钾过量丢失所致。主要表现为明显的肌肉痉挛，伴有收缩痛。痉挛以四肢肌肉及腹肌等经常活动的肌肉为多见，尤以腓肠肌为最。痉挛常呈对称性，时而发作、时而缓解。患者神志清醒，体温多正常。

③ 热衰竭。多数认为在高温、高湿环境下，皮肤血液的增加不伴有内脏血管收缩或血容量的相应增加，因此不能足够地代偿，致脑部暂时供血减少而晕厥。一般起病迅速，先有头昏、头痛、心悸、出汗、恶心、呕吐、皮肤湿冷、面色苍白、血压短暂下降，继而晕厥，体温不高或稍高。通常休息片刻即可清醒，一般不引起循环衰竭。

中暑急救主要措施有：轻症中暑时，让患者迅速脱离高温环境，选择阴凉通风的地方休息，饮用含盐清凉饮料，并予以密切观察；重症中暑时，迅速采取降低体温、维持循环呼吸功能的措施，及时口服含盐清凉饮料，使患者平卧，移至阴凉通风处，严重时迅速送往医院就诊，在转送途中可对患者予以物理降温，以蒸发散热。

对中暑患者及时进行对症处理，一般可很快恢复，不必调离原作业。若因体弱不宜从事高温作业，或有其他就业禁忌证者，应调换作业。

（二）噪声

从物理学观点来看，各种不同频率和不同强度的声波无规律地杂乱混合，听起来使人感到厌烦不悦的声音，称为噪声。心理学角度则认为，人们不需要的声音都可视为噪声。按听力学观点，超过一定强度，对人体听觉可能造成损伤的任何声音都是噪声。噪声分工业噪声或生产性噪声、军事噪声和环境噪声。生产性噪声或工业噪声是生产过程中产生的声音，其频率和强度没有规律，听起来使人感到厌烦。经常接触噪声会影响人们的情绪和健康，干扰工作和正常生活。噪声是范围很广的一种生产性有害因素，在许多生产劳动过程中都会有接触的机会。

1. 噪声的分类

（1）按照噪声的来源分类

① 空气动力噪声。是由于气体压力变化引起气体扰动，气体与其他物体相互作用所致。如生产现场的各种风机、空气压缩机、除尘器的气体排放等产生的噪声。

② 机械性噪声。是机械撞击、摩擦或质量不平衡旋转等机械力作用下引起固体部件振动所产生的噪声。如机床、纺织机械、电锯、球磨机等撞击、摩擦、转动等产生的噪声。

③ 电磁性噪声。由于磁场脉冲，磁致伸缩引起电气部件振动所致。如发电机、变压器等电机中交互变力相互作用而产生的噪声。

（2）按照时间特性分类

① 稳态噪声。在观察时间内，采用声级计"慢挡"动态特性测量时，声级波动＜3dB（A）的噪声。

② 非稳态噪声。在观察时间内，采用声级计"慢挡"动态特性测量时，声级波动≥3dB（A）的噪声。

③ 脉冲噪声。突然爆发又很快消失，持续时间≤0.5s，间隔时间＞1s，声压有效值变化＞40dB（A）的噪声。

2. 噪声所导致的健康损害

噪声对人的危害是多方面的，听觉系统首当其冲，属于特异性损害。另外，噪声可通过中枢神经系统及对心血管、消化、神经-内分泌等系统，和精神、心理造成非特异性损害。噪声对人体的危害主要取决于噪声的频率、强度和暴露时间等因素。根据噪声作用于人体系统的不同，其所导致的损害可分为听觉系统损害和非听觉系统损害。

（1）听觉系统损害　长期接触强烈的噪声，听觉系统首先受损。听力的损伤有一个从生理改变到病理改变的过程，表现为从暂时性听阈位移改变到永久性听阈位移。

① 暂时性听阈位移。指人接触噪声后听阈提高10～30dB（A），脱离噪声环境后经过一段时间，听力下降可以恢复到原来水平，属于生理性改变，包括听觉适应和听觉疲劳。

② 永久性听阈位移。指噪声引起的不能恢复到正常水平的听阈升高。根据损伤的程度，永久性听阈位移又分为听力损失、噪声性耳聋和爆震性耳聋。

A. 听力损伤。指听力曲线在3000～6000Hz出现"V"形下陷，此时患者主观无耳聋感觉，交谈和社交活动能够正常进行。

B. 噪声性耳聋。又称职业性噪声聋，是噪声对人体听觉器官长期、慢性影响的结果，为听觉系统的慢性退行性病变。临床表现为长期接触强噪声，听力明显下降，离开噪声环境短时间内听力不能恢复，造成永久性听阈位移。

C. 爆震性耳聋。指暴露于瞬间发生的短暂而强烈的冲击波或强脉冲噪声所造成的中耳、内耳或中耳及内耳混合性急性损伤所导致的听力损失或丧失，同时可引起鼓膜破裂出血，听小骨骨折、脱位和鼓室出血，甚至可以导致人耳完全失去听力。

（2）非听觉系统损害　噪声还可引起非听觉系统的损害，主要表现为易疲劳、头痛、头晕、睡眠障碍、注意力不集中、记忆力减退等一系列神经系统症状。高频噪声可引起血管痉挛、心率加快、血压升高等心血管系统的变化。长期接触噪声还可引起食欲不振、胃液分泌减少、肠蠕动减慢等胃肠功能紊乱的症状。

（三）振动

振动是受外力作用后，物体围绕一平衡位置呈周期性做往复振荡或旋转的运动。生产过程中的生产设备、工具产生的振动称为生产性振动。振动和噪声有着十分密切的联系，当振动频率在 20~2000Hz 的声频范围内时，振动源也就是噪声源。

1. 振动分类

振动的分类主要是以振动作用于人体的部位来划分，可分为手传振动和全身振动。

（1）手传振动　手传振动也称手臂振动或局部振动，是指在生产过程中使用手持振动工具或接触受振工件时，直接作用或传递到人的手臂的机械振动或冲击。如使用风镐可产生剧烈手传振动。

（2）全身振动　全身振动是指由人体足部或臀部接触，并通过下肢或躯干传导至全身的振动。在交通工具（如驾驶拖拉机、收割机、汽车、火车、船舶和飞机等）上作业，或在作业台（如钻井平台、振动筛操作台、采矿船）上作业时，作业工人主要受全身振动的影响。

2. 振动的危害

（1）手传振动的危害　长期接触较强手传振动，可引起以手部末梢循环障碍为主的病变，亦可累及肢体神经和运动功能。发病部位多在上肢，典型表现为振动性白指，又称职业性雷诺现象，是手臂振动病的主要诊断依据。白指常见的部位是食指、中指和无名指的远端指节，可在双手对称出现，亦可在受振动较大一侧发生。国家已将手臂振动病列为法定职业病。本病在从事振动作业工龄较长人员中多见，严重病例还可以导致手部关节变形和手部肌肉萎缩。

（2）全身振动的危害　首先引起足部疲劳、腿部肌肉肿胀等症状，后期可以出现皮肤感觉功能降低。长期接触振动作业，还可导致前庭器官刺激症状及自主神经功能紊乱，出现眩晕、头疼、恶心、血压升高、心律不齐等症状，以及胃肠分泌功能减弱，食欲减退。

（四）非电离辐射

非电离辐射是指量子能量小于 12eV，不足引起生物体电离的电磁辐射，如紫外线、可见光、射频及激光等。

1. 非电离辐射的职业接触

（1）射频辐射　高频电磁场与微波统称射频辐射，是电磁辐射中量子能量最小而波长最长的波。高频电磁而指频率为 100kHz～30MKz、相应波长为 3km～10m 的电磁场；微波指频率为 300MHz～300GHz、波长为 1m～1mm 的电磁，波包括脉冲微波和连续微波。于广播、电视、雷达发射塔、移动寻呼通信基站、工业高频感应加热、医疗射频设备、微波加热设备、微波通信设备等可接触到射频辐射。

高频电磁场在工业中的应用主要分两类：一是利用中长波波段的电磁场对导体及半导体进行感应加热，如钢制件的高频淬火、金属的高频熔炼及焊接、半导体材料的外延及区熔等，使用频率一般为 200～800kHz，半导体区熔为 2～5kHz。二是利用短波及接近短波的超短波段对非导体进行介质加热，如塑料制品的热黏合、棉纱及木材等的干燥、橡胶硫化等，使用频率多为 10～40kHz。此外，其多种波段广泛用于无线电通讯和理疗。高频技术还应用于光谱分析、热核反应等方面。

微波主要用于无线电通讯和雷达探测。除设备操作人员可受到微波辐射外，在雷达整机和微波元件的生产与研究中，调试、测试人员接受辐射的机会更多，且大多属脉冲波。其他用途为工业用干燥设备，如对食品、药物、纸张、胶片等进行干燥，以及理疗设备、微波炉等。

（2）红外辐射　即红外线也称热射线。自然界的红外线辐射源以太阳最强。在生产环境中，主要的红外线辐射源包括熔炉、熔融状态的金属和玻璃、强红外线光源烘烤和加热设备等。职业性损伤多发生于使用弧光灯、电焊、氧乙炔焊的操作工。

（3）紫外辐射　紫外线是由原子的外层电子受到激发后产生的。波长范围在 100～400nm 的电磁波称为紫外线，又称紫外辐射，为不可见光。自然界的主要紫外线光源是太阳。凡物体温度达 1200℃ 以上时，辐射光谱中即可出现紫外线。随着温度升高，紫外线的波长变短，强度增大。电焊、气焊温度达到 3200℃ 时，可产生短于 230nm 的紫外线波。职业接触主要是冶炼炉、电焊、电炉炼钢等工作场所。从事碳弧灯和水银灯制版或摄影，以及紫外线消毒均可接触紫外线。从事以上作业的人员要加强对紫外线的防护。

（4）激光　激光是在物质的原子、分子体系内，通过受激辐射，使光放大而形成的新型光。因激光具有单色性、方向性及相干性等独特优点，被广泛应用于军事、医学、工业、科研等许多领域。它是一种人造的、特殊类型的非电离辐射。职业接触主要为工业用激光打孔、切割、焊接等作业，激光通讯、激光瞄准等军事和航天作业，医学上使用激光治疗等作业也可接触到激光。

2. 非电离辐射所导致的健康损害

（1）射频辐射导致的健康损害　射频辐射包括高频电磁场和微波。微波的量子能量水平比高频电磁场高，其健康损害要比高频电磁场严重。高频电磁场和微波对健康损害的主要表现是类神经症，心血管系统主要是自主神经功能紊乱，以副交感神经反应占优势者居多。微波除上述作用外，还可引起眼睛和血液系统改变。长期接触较大强度微波的工人，可发现眼晶状体混浊、视网膜改变、外周血白细胞计数、血小板计数下降。手持无绳电话对局部脑组织功能和形态的不良影响也应引起高度重视。

（2）紫外辐射、红外辐射和激光导致的健康损害　主要是对皮肤和眼睛的损伤作用。紫外线对皮肤的损害主要是引起红疹、红斑和水疱，严重的可有表皮坏死和脱皮。红斑在停止照射数小时或数天后可以消退，长时间紫外线照射可引起弥漫性红斑，并伴有烧灼感，可形成小水疱。

紫外线对眼睛的损害主要表现最初为异物感，继之眼部剧痛，怕光、流泪、结膜充血、睫状肌抽搐等症状。其中波长在 $250\sim320\text{nm}$ 的紫外线最容易被角膜和结膜上皮吸收，导致急性角膜炎、结膜炎，称为电光性眼炎。

红外线来源于高热物体，如熔融的玻璃和钢铁等。红外线是指电磁波长在 $0.78\sim1000\mu\text{m}$ 的电磁波。红外线的光子能量低，组织吸收后只产生热效应，对人体可造成高温伤害。较强的红外线可造成皮肤伤害，其情况与烫伤相似，最初是灼痛，然后造成烧伤。红外线辐射对眼的损伤，主要表现在晶状体和视网膜黄斑部。人眼如果长期暴露于红外线，可能引发白内障。

激光与普通光相比，对人眼有更大、更多的危险。因为激光束是平行性很好的光束，发散角极小，这样使激光能量汇聚在很细的光束内，通过晶状体在视网膜聚焦成非常小的光斑，所以对眼睛来说，激光束是一个亮度极大的点光源，这是激光束对眼睛损伤特别明显的原因。当皮肤受到激光照射、激光的能量（或功率）足够大时，就可以引起皮肤的损伤。激光对皮肤的作用，主要是光化作用，当紫外激光照射皮肤时，可以引起皮肤红斑、炭化，过量时甚至引起癌变。

（五） 电离辐射

电离辐射是指当量子能量水平达到或超过 12eV 时，如宇宙射线、X 射线、γ射线，它们与物质作用后产生的电离效应。人体接受的放射剂量超过一定值（称为剂量阈值）时就会发生损害，初期症状为乏力、牙龈出血、脱发、性欲降低、皮肤红斑、白细胞数降低等。放射事故照射可引起急性或亚急性放射病及皮肤损伤。接受放射线者不注意防护，长期受照于超过剂量限值的射线，也可得慢性放射病。受损伤的主要是细胞，细胞受损伤后器官组织丧失功能，出现临床症状，造成放射病。

列为国家法定职业病的有急性、亚急性、慢性外照射放射病。外照射皮肤疾病和内照射放射病、放射性肿瘤、放射性骨损伤、放射性甲状腺疾病、放射性性腺疾病、放射复合伤和其他放射性损伤共11种。

五、生物因素

生产原料和生产环境中存在的对职业人群健康有害的致病微生物、寄生虫、昆虫和其他动植物及其所产生的生物活性物质统称为生物性有害因素。生物因素主要包括布鲁氏菌、森林脑炎病毒、人类免疫缺陷病毒、炭疽芽孢杆菌等。

由于人类自身的不断努力和卫生条件的迅速改善，某些病原微生物被有效地控制消灭了，传染病的发病率显著降低。但是，从20世纪70年代以来，新的病原微生物及相关的传染病相继被发现，达40多种，如军团菌、霍乱弧菌0139血清群、幽门螺杆菌、伯氏疏螺旋体、人类免疫缺陷病毒（HIV）、轮状病毒、新型肝炎病毒（HCV、HDV、HEV、HGV等）、人类疱疹病毒（6、7、8型）、埃博拉病毒、西尼罗河病毒、SARA冠状病毒等。

微生物是一类肉眼不能直接看见，必须借助光学显微镜或电子显微镜放大几百倍或几万倍后才能观察到的微小生物的总称。它们具有形体微小、结构简单、繁殖迅速、容易变异、种类繁多、分布广泛等特点。自然界存在的微生物达数十万种，主要分布在土壤、空气、水、人与动物的体表及其与外界相通的腔道（如呼吸道、消化道等部位）。

病原微生物是指可以侵犯人体，引起感染甚至传染病的微生物，或称病原体、致病微生物。病原体中，以细菌和病毒的危害性最大。病原微生物指朊毒体、寄生虫（原虫、蠕虫、医学昆虫）、螺旋体、支原体、立克次体、衣原体、病毒。

病毒形体极其微小、形态各异（图1-1），必须在电子显微镜下才能观察，一般都可通过细菌滤器。病毒没有完整的细胞构造，故也称为分子生物，其主要成分是核酸和蛋白质。每一种病毒只含有一种核酸，不是DNA就是RNA；既无产能酶系也无蛋白质合成系统；在宿主细胞协助下，通过核酸的复制和核酸蛋白装配的形式进行增殖，不存在个体生长和二均等分裂的细胞繁殖方式；在宿主的活细胞内营专性活细胞内寄生；在离体条件下，以无生命的化学大分子状态存在，并可形成结晶；对一般抗生素不敏感，但对干扰素敏感。

几乎所有的生物都可以感染相应的病毒。根据宿主可以分三类：动物病毒、植物病毒和细菌病毒（或称噬菌体）。病毒大小的单位是纳米（nm），多数病毒的直径在100nm以下。

细菌是一类形态微小（细胞直径约$0.5\mu m$，长度$0.5\sim5\mu m$）、结构简单、细

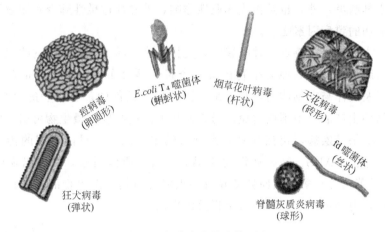

图 1-1 部分病毒的个体形态

胞壁坚韧、以二等分裂方式繁殖的原核微生物。细菌细胞的个体形状一般为球状、杆状和螺旋状（图 1-2）。温暖潮湿、富含有机物的地方，容易产生大量细菌活动。细菌活动会产生特殊的臭味或酸败味，发黏、发滑。

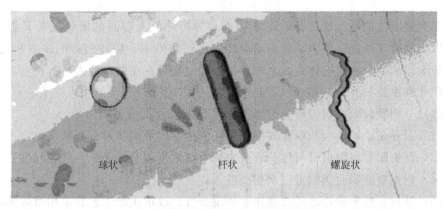

图 1-2 细菌细胞的个体形态

1. 接触机会

（1）炭疽芽孢杆菌、布鲁氏菌、支原体、衣原体、钩端螺旋体等附着于动物皮毛上。

（2）真菌或真菌孢子之类致病微生物及其毒性产物孳生于霉变蔗渣和草尘上。

（3）某些动物、植物产生的刺激性、毒性或变态反应性生物活性物质，如鳞片、粉末、毛发、粪便、毒性分泌物、酶或蛋白质和花粉等。

（4）禽畜血吸虫尾蚴、钩蚴、蚕丝、蚕蛹、蚕茧、桑毛虫、松毛虫子等。

2. 对人体的影响

病原微生物对职业人群健康的损害，除引起法定职业性传染病（如炭疽、布鲁氏菌病、森林脑炎）外，也是构成职业性哮喘、外源性过敏性肺炎和职业性皮肤病等法定职业病的致病因素之一。

病原微生物的显著特点是种类繁多，变异迅速，随着生态条件的改变而产生变异，衍生出新的种类。病原微生物还有一个特性是分布广泛，无论是在土壤、空气、水体以及人体与动物体内，甚至是极限的生态条件中都有它们的存在。因此，人类在生活和生产活动中不可避免地与它们接触。这些病原微生物可引起感染、过敏、肿瘤、痴呆等疾病，仍然是对人类健康的主要威胁。目前出现的传染病（如AIDS、出血热、SARS、高致病性禽流感等）由病原体引起，而再出现的传染病（如结核、登革热等）多由病原体变异或多重耐药引起。微生物的多样性一直伴随人类而存在，也会出现新的病原微生物及传染病。

（黎海红、黄世文）

第六节　职业健康检查与职业病

一、职业健康监护

职业健康监护是指通过各种医学检查和分析评价人群的健康状况及其影响因素，以便及时发现健康损害征象、采取相应的预防措施、防止病症的发生和发展。职业健康监护是企业的主体责任之一，监护的对象是企业的作业人员。

职业健康监护的目的在于以下几个方面。

（1）早期发现职业病、职业健康损害和职业禁忌证。

（2）跟踪观察职业病及职业健康损害的发生、发展规律及分布情况。

（3）评价职业健康损害与作业环境中职业病危害因素的关系及危害程度。

（4）识别新的职业病危害因素和高危人群。

（5）进行目标干预，包括改善作业环境条件、改革生产工艺、采用有效的防护设施和个人防护用品、对职业病患者及疑似职业病和有职业禁忌人员的处理与安置等。

（6）评价预防和干预措施的效果。

（7）为制定或修订卫生政策和职业病防治对策服务。

职业健康监护的内容，包括职业健康检查、禁忌证人员调岗、疑似患者确诊、职业病鉴定、职业病康复治疗、工伤赔偿，以及上述过程形成的职业健康监护档案的管理。

企业应对接触职业病危害的作业人员进行上岗前、在岗期间和离岗时的职业健康检查，并将检查结果书面告知作业人员，费用由企业承担；企业不得安排未经上岗前职业健康检查的作业人员从事接触职业病危害的作业；不得安排有职业禁忌的作业人员从事其所禁忌的作业；对在职业健康检查中发现有与所从事的职业相关的健康损害的作业人员，应当调离原工作岗位，并妥善安置；对未进行离岗前职业健康检查的作业人员不得解除或者终止与其订立的劳动合同。

（一）职业健康检查分类

职业健康检查分为上岗前职业健康检查、在岗期间职业健康检查、离岗时职业健康检查、离岗后医学随访和应急健康检查，共五类。

1. 上岗前职业健康检查

上岗前职业健康检查，简称岗前体检，是指企业对准备从事某种接触职业病危害作业的作业人员在上岗前进行的健康检查。其目的是发现职业禁忌证，建立接害人员的基础健康档案。应进行上岗前职业健康检查的人员包括：拟从事接触职业病危害因素作业的新录用人员，包括转岗、增加新项目、改变工艺等；拟从事有特殊健康要求作业的人员，如高处作业、电工作业、职业机动车驾驶作业等。

2. 在岗期间职业健康检查

在岗期间职业健康检查，简称在岗体检，是指企业按照《职业健康监护技术规范》的体检要求，对长期从事接触规定需要开展健康监护的职业病危害因素的作业人员进行的健康检查。其目的是早期发现职业病患者、疑似患者或作业人员的健康异常改变，及时发现有职业禁忌证的作业人员。

在岗期间职业健康检查的周期，根据不同职业病危害因素的性质、作业场所有害因素的浓度或强度、目标疾病的潜伏期和防护措施等因素决定。《职业健康监护技术规范》已经具体规定了常见职业病危害因素的监护周期。

3. 离岗时职业健康检查

离岗时职业健康检查，简称离岗体检，是指作业人员在脱离所从事的职业病危害的作业或岗位前所进行的健康检查，目的是确定作业人员在停止接触职业病危害时的健康状况。如最后一次在岗期间的健康检查是在离岗前的三个月内，可视为离岗时检查。

4. 离岗后医学随访

离岗后医学随访，简称离岗随访，是指员工离开本企业后进行的医学访问。企业应开展离岗后医学随访的情况有以下两种。

（1）如接触的职业病危害因素具有慢性健康影响，或有较长的潜伏期，在脱离接触后仍有可能发生职业病的，需进行随访医学检查。

（2）尘肺病患者离岗后需进行随访医学检查。随访时间的长短应根据有害因素致病的流行病学及临床特点、作业人员从事作业的时间长短、作业场所有害因素的浓度等因素综合考虑确定。

5. 应急健康检查

应急健康检查，简称应急体检，是指发生突发职业病危害事故后，对未受伤害或伤害程度较轻的作业人员进行的职业健康检查。应开展应急健康检查的有以下两种情况。

（1）适用于发生急性职业病危害事故时，对遭受或可能遭受职业病危害的作业人员，必须在事故发生后立即开始。

（2）适用于对从事可能产生职业性传染病作业的作业人员，其在疫情流行期或近期密切接触过传染者。

（二）职业禁忌证人员岗位调整

职业禁忌证是指作业人员从事特定职业或接触特定职业病危害因素时，比一般人更易于遭受职业病危害和罹患职业病，或可能导致原有自身疾病病情加重，或在作业过程中诱发可能导致对他人生命健康构成危险的疾病的个人特殊生理或病理状态。在职业健康检查中发现有与所从事的职业相关的健康损害的作业人员，应调离原工作岗位，并妥善安置。

企业应按照法律程序对职业禁忌证人员进行调岗，调岗时应充分考虑新岗位的合理性，与员工协商一致并签署调岗面谈记录、调岗通知书或调岗意见书，作业人员应予以配合。企业与员工个人均应保留岗位调整的材料。

（三）职业健康检查操作流程

1. 职业健康检查委托

企业应签订职业健康检查委托协议。协议内容包括双方职责和义务、劳动者接触职业病危害因素种类、接触人数、健康检查人数、检查项目、检查时间、地点及检查费用等。

2. 收集或核实相关资料

企业应如实提供与职业健康检查相关的资料：企业基本情况，产生职业病危害因素的生产工艺及原、辅材料，各类职业病危害因素和接触人数，近年职业病危害因素检测及职业健康检查情况，职业病危害防护设施，应急救援设施及其他有关资料。

3. 确定体检人数、项目及周期

医疗机构与企业核实、确认职业健康检查人数、检查项目及被检查劳动者的工种岗位。

4. 开展职业健康检查

医疗机构和企业应恪守职业道德，遵守伦理道德规范，优质服务，保护劳动者的隐私；企业认真填写"职业健康检查表"；医疗机构发现劳动健康损害或需要复查的，及时告知劳动者并通知企业；发现疑似职业病患者时，及时告知劳动者，建议及时进行职业病诊断，并通知企业，报告所在地职业卫生监督管理部门。

5. 职业健康检查结果报告

职业健康检查工作结束后，医疗机构对职业健康检查结果进行汇总，并按照委托协议要求，及时、客观、真实地向企业提交职业健康检查结果报告。

6. 职业健康监护评价报告

当企业要求进行健康监护评价时，应根据职业健康检查结果和工作场所监测资料，对职业病危害因素的危害程度、防护措施效果等进行综合评价，并提出改进建议。

二、 职业病

职业病是指企业、事业单位和个体经济组织等的劳动者在职业活动中，因接触粉尘、放射性物质和其他有毒、有害因素而引起的疾病。这里所说的职业病，是指法定职业病，也就是《中华人民共和国职业病防治法》所称的职业病，不是日常生活中所说的与职业相关的疾病。

法定职业病，必须具备四个要件：①患病主体必须是企事业单位或个体经营组织的劳动者；②必须是在从事职业活动的过程中产生的；③必须是因接触粉尘、放射性物质，和其他有毒、有害物质等因素而引起的，其中放射性物质是指放射性同位素或射线装置发出的 α 射线、β 射线、γ 射线、χ 射线、中子射线等电离辐射；④必须是国家公布的职业病分类和目录所列的职业病。在上述四个要件中，缺少任何一个要件，都不属于本处所称的职业病。

我国法定职业病的五大特点：①基础职业病危害人数多，患者数量大；②职业病危害分布行业广；③中小企业危害严重，职业病危害流动性大，危害转移严重；④职业病具有隐匿性、迟发性特点，危害往往被忽视；⑤职业病危害造成的经济损失巨大，影响长远。

人体直接或间接接触职业性有害因素，不一定都发生职业病。发生职业病的条件主要有：职业病危害因素的性质、作用于人体的量、劳动者的健康状况。

职业病的特点主要有：有明确的病因、一般有剂量-反应关系、有特定的发病范围或人群、早发现、早诊断、合理处理、预后较好、大多数职业病目前无特效治疗。

我国目前的《职业病分类和目录》，包括 10 大类 132 种。至 2017 年底，我国已经累计报告各类职业病约 90 万人次，主要是尘肺病，占 80% 以上，总数量超过同时期全球的一半。而因未进行职业健康检查漏诊或未报告的各种急性职业中毒、过敏性职业病（皮肤病、哮喘）难以估量。第二、第三依次为职业性耳鼻喉口腔疾病和职业性化学中毒。从行业分布看，报告职业病病例主要分布在煤炭开采和洗选业、有色金属矿采选业及开采辅助活动行业。

（黎海红、许晓丽）

第七节　企业职业安全与健康社会责任

一、　企业职业安全社会责任

企业是社会经济活动中的建设者又是受益者，是安全生产中不容置疑的责任主体，在社会生产中负有不可推卸的社会责任。企业必须认识到安全生产是坚持科学发展观的内在要求，也是企业生存与发展的必然选择。增强安全生产主体责任，实现安全生产，是企业追求利益最大化的最终目的，是实现社会效益和经济利益的最佳结合。

企业承担安全生产主体责任是指企业在生产经营活动全过程中必须在以下方面履行义务，承担责任，接受未尽责的追究。

（1）依法建立安全生产管理机构。

（2）建立健全安全生产责任制和各项管理制度。

（3）持续具备法律、法规、规章、国家标准和行业标准规定的安全生产条件。

（4）确保资金投入满足安全生产条件需要。

（5）依法组织作业人员参加安全生产教育和培训。

（6）如实告知作业人员作业场所和工作岗位存在的危险、危害因素、防范措施和事故应急措施，教育职工自觉承担安全生产义务。

（7）为作业人员提供符合国家标准或行业标准的劳动防护用品，并监督教育作业人员按照规定佩戴使用。

（8）对重大危险源实施有效的检测、监控。

（9）预防和减少作业场所职业危害。

（10）安全设施、设备（包括特种设备）符合安全管理的有关要求，按规定定期检测、检验。

（11）依法制定生产安全事故应急救援预案，落实操作岗位应急措施。

（12）及时发现、治理和消除本单位安全事故隐患。

（13）积极采取先进的安全生产技术、设备和工艺，提高安全生产科技保障水平；确保所使用的工艺装备及相关劳动工具符合安全生产要求。

（14）保证新建、改建、扩建工程项目（以下简称"建设项目"），依法实施安全设施"三同时"。

（15）统一协调管理承包、承租单位安全生产工作。

（16）依法参加工伤社会保险，为作业人员缴纳保险费。

（17）按要求上报生产安全事故，做好事故抢险救援，妥善处理对事故伤亡人员依法赔偿等事故的善后工。

（18）法律、法规规定的其他安全生产责任。

二、 企业职业健康社会责任

（1）企业工作场所存在职业病目录所列职业病危害因素的，应当及时、如实地向所在地安全生产监督管理部门申报危害项目，接受监督。

（2）企业应当设置职业卫生管理机构或组织，配备专职或兼职的职业卫生管理人员，负责本单位的职业病防治工作；制定职业病防治计划和实施方案；建立、健全职业卫生管理制度和操作规程；建立、健全职业卫生档案和劳动者职业健康监护档案；建立、健全工作场所职业病危害因素监测及评价制度；建立、健全职业病危害事故应急救援预案。

（3）企业应采用有效的职业病防护设施，并为劳动者提供个人使用的职业病防护用品。职业病防护用品必须符合防治职业病的要求。

（4）产生职业病危害的企业，应当在醒目位置设置公告栏，公布有关职业病防治的规章制度、操作规程、职业病危害事故应急救援措施和工作场所职业病危害因素检测结果。对产生严重职业病危害的作业岗位，设置警示标识和中文警示说明。

（5）对可能发生急性职业损伤的有毒、有害工作场所，企业应当设置报警装置，配置现场急救用品、冲洗设备、应急撤离通道和必要的泄险区。

（6）企业应当按照国务院安全生产监督管理部门的规定，定期对工作场所进行职业病危害因素检测、评价。检测、评价结果存入企业职业卫生档案。

（7）企业应当由专人负责的职业病危害因素日常监测，并确保监测系统保持正常运行状态。

（8）企业与劳动者订立劳动合同（含聘用合同）时，应当将工作过程中可能产生的职业病危害及其后果、职业病防护措施和待遇等如实告知劳动者，并在劳动合同中写明，不得隐瞒或欺骗。

（9）企业的主要负责人和职业卫生管理人员应当接受职业卫生培训，遵守职业病防治法律、法规，依法组织本单位的职业病防治工作。企业应当对劳动者进行上岗前的职业卫生培训和在岗期间的定期职业卫生培训。

（10）对从事接触职业病危害作业的劳动者，企业应当组织上岗前、在岗期间和离岗时的职业健康检查，并将检查结果书面告知劳动者。

（11）企业应当为劳动者建立职业健康监护档案，并按照规定的期限妥善保存。

（12）企业不得安排未成年工从事接触职业病危害的作业；不得安排孕期、哺乳期的女职工从事对本人和胎儿、婴儿有危害的作业。

（黄世文、许晓丽）

第二章
管理措施

第一节　班组安全管理

一、班组安全管理概述

（一）班组安全管理的重要性

班组是企业的细胞，是安全管理的最小单位，是安全生产、经营目标的最终实现者。班组的安全生产状况如何，直接关系到企业的安全生产状况。班组平安，则企业平安；班组不安，则企业难安。班组成员都处于生产一线，接触危险、危害的概率也最高。工段、班组长是企业基层管理人员，担任关键角色；班组长是企业班组的负责人，既是直接的生产者，又是基层班组的管理者、组织者、教育者、指挥者。安全管理工作能否下达到基层管理末梢，关键就在工段长、班组长的安全意识和执行力。而企业安全管理能否落实职责到岗、责任到人，关键在工段长、班组长的安全意识、知识和技能，以及方式、方法。

班组是企业的基层组织，是加强企业管理，搞好安全生产的基础。在企业里，绝大部分事故发生在班组、员工。因此，加强班组的安全管理，对于保证企业正常生产秩序、提高企业生产效率和促进企业发展具有重要意义。

班组长作为"兵头将尾"，对控制事故的发生起着非常重要的作用。现场管理、职业健康安全管理等要真正落地，必须从班组管理安全生产标准化开始。

国家有关职业健康安全生产的方针、政策、法规、条例、规范等最终都要在班组里落实，企业安全生产管理中的一系列安全措施、控制措施，都要依靠班组成员具体实施，设备设施都要由班组成员去操作、维护或维修。

班组长是生产一线的指挥者，班组长是班组建设的组织者，工段长是24h的班组长。正所谓"上面千条线，下面一根针，针头是关键"。显而易见，班组在企业安全生产中非常重要。

（二）班组长和班组成员的安全职责

1. 班组长的安全职责

班组长是班组安全生产第一责任人，也是完成班组生产任务的核心人物，从而决定了班组长在管好生产的同时，必须管好安全。班组长的具体安全职责有如下方面。

（1）认真执行职业卫生安全劳动保护有关的政策法规、本企业的安全规章制度及本部门（车间）的安全工作指令等，对本工段、班组成员的生产安全和职业健康负责。

（2）根据生产任务、劳动环境和本工段、班组成员的意识、思想、情绪、技能和身体等状况，布置具体安全告知及防范措施，做到班前有布置、班中有检查、班后有总结。

（3）检查指导本班组成员是否正确使用原材料、机器设备、电气设备、工夹具、安全装置，以及是否穿戴好个人劳动防护用品。

（4）督促本班组成员严格执行安全操作规程或作业指导书。

（5）组织开展隐患排查和安全行为观察活动，及时排查安全隐患和"三违"行为，并按要求整改落实；坚持作业风险分析。

（6）每周开展一次安全学习活动，每班前、班后会讲安全，日常演练经验分享。

（7）发生伤亡事故，应立即报告部门领导及公司有关人员，并立即组织救援和保护好现场；事故发生后，按"四不放过"原则进行分析，吸取事故教训，举一反三，抓好安全整改。

（8）认真、及时、如实地做好安全记录，并妥善保管各种记录、台账资料。

2. 班组成员的安全职责

班组成员是班组长的直接下属，每位成员都有不可推卸的安全责任。班组成员的安全职责主要包括如下几方面。

（1）坚持"安全第一，预防为主，综合治理"的安全方针，严格遵守法律法规和按照企业各项安全生产规章制度、操作规程和作业指导书进行操作，正确使用和维护、维修各类设备及安全防护设施。

（2）做好班前准备工作，认真检查生产设备、生产工具及安全防护装置，发现不安全因素应立即报告班组长或安全员。

（3）按规定进行交接班，交接生产、安全情况，并如实做好记录。

（4）积极参加和接受各种形式的安全教育及操作技能训练，参加班组安全活动，虚心接受技术、安全等方面的指导。

（5）发现他人违章作业应及时进行规劝，对不听劝阻的，应立即向有关领导、安全员报告。

（6）对上级的违章指挥有权拒绝执行，并立即报告有关领导和技术管理员。

（7）按规定正确穿戴、合理使用个人劳动防护用品和工具。

（8）按 5S、TPM 管理要求保持设备和现场清洁、物资摆放整齐有序。

（9）发生工伤、工伤未遂事故时，应立即抢救并及时向有关领导和安全员报告，并保护好现场，同时积极配合事故调查，提供事故真实见证性材料。

二、班组安全管理的内容和方法

如何做好班组安全管理？首先要遵循"一三四五"安全生产管理原则："一"——一岗双责，管生产必须管安全，管工作必须管安全；"两个三"——"项目三同时""入职三级教育"；"两个四"——"四不伤害""四不放过"；"五同时"——同时计划、布置、检查、总结、评比。

要树立"安全发展，科学发展"的安全管理观，建立"全员、全过程、全方位"的安全管理网络，掌握安全管理技巧，抓好习惯性违章管控。

（一）班组安全教育培训

1. 班组安全教育培训的作用和原则

（1）班组安全教育培训的作用　在生产现场作业环境中，操作人员、机具设备均在班组，事故也常常发生在班组。因此，抓好安全教育培训对提高班组人员的安全意识和技能、加强班组建设、消除事故隐患、杜绝或遏制事故发生具有重要的作用。

（2）班组安全教育培训的原则

① 在"四新"（即新技术、新工艺、新材料、新设备）投入使用前，组织班组成员进行有针对性的安全教育培训。

② 新员工、换岗员工上岗前，经过由班组长或班组安全员组织的"班组级"安全教育培训，并经考试合格后方可上岗。

③ 对事故（含未遂事故）责任者、违章违纪人员必须进行安全教育培训，并经考试合格后方可重新上岗。

④ 班组安全教育培训规定培训有效时间，培训后须进行考试，不及格者要重新考试，并经考试合格后方可上岗操作。

⑤ 班组所有安全教育培训要及时、如实地做好记录。

2. 班组安全教育培训的内容

（1）现场教育　班组安全教育要结合所在班组的生产特点、危险区域、设备状况、作业环境和安全设施等开展。重点讲解高温、高压、有毒有害、易燃易爆、腐蚀、高空作业、有限空间作业等方面可能导致发生事故的危害因素，以及所在班组容易出现事故的部位和典型事故案例的剖析。

（2）专业技术教育　讲解生产工艺流程、安全操作规程和岗位责任，教育班组成员自觉遵守安全操作规程，做到"四懂三会"（"四懂"，即懂设备性能、懂设备构造、懂设备原理、懂工艺流程；"三会"，即会操作、会维护保养、会排除故障），不发生"三违"行为；各种工器具的维护和使用；作业环境的安全检查和交接班制度等。

（3）安全操作技能示范　由技术熟练、经验丰富的老师傅进行安全操作示范、一边示范、一边讲解，重点讲授安全操作要领及注意事项，并指出违章操作的危险性和可能造成后果的严重性。

（4）劳动保护教育　讲授劳保用品的使用、爱护和安全生产的要求，以及对员工职业健康和造成伤害的影响；紧急救护和自救常识。

（5）"四新"教育　即新工艺、新产品、新设备、新材料的特点。讲授其投入使用可能造成的危害因素及防护方法；新制定的安全操作规程或作业指导书、安全管理制度的内容和要求。

（6）新员工的三级安全教育　新员工的三级安全教育有厂级安全教育、车间级安全教育和班组安全教育。

① 厂级安全教育。通常由企业安全职能部门负责进行，时间通常为8h，主要内容有：a. 国家有关安全生产的方针、政策、法令、法规，以及本企业安全生产管理制度和操作规程；b. 本企业的安全生产情况；c. 本企业安全生产的经验和事故教训；d. 本企业安全生产应急预案及演练；e. 劳动保护的内容和要求。

② 车间级安全教育。一般由生产部门（车间）负责进行，根据不同的生产特点、危险区域和各自情况开展教育，主要内容有：a. 本车间生产工艺特点、性质；b. 车间安全生产技术知识；c. 车间安全生产管理制度；d. 消防安全知识。

③ 班组安全教育。企业安全生产活动是以班组为基础的，主要内容有：a. 本班组作业特点及岗位安全操作规程；b. 本班组安全活动制度、要求；c. 本岗位作业环境及使用的机械设备、工具的安全要求；d. 劳动防护装置（设施）及个人劳保用品的使用和维护知识；e. 本岗位危险源辨识及作业风险分析；f. 本岗位易引发事故的不安全因素及其防范措施；g. 文明生产的要求及安全操作示范。

（7）特种作业人员的安全教育　直接从事特殊种类作业的作业人员是特种作业人员。特种作业人员涉及的工种有：电工作业，金属焊接，切割作业，起重机械作业，登高架设作业，企业内机动车辆驾驶，锅炉作业（含水质检验），压力容器作业，制冷作业，爆破作业，矿山通风、排水、提升运输、安全检查和救护作业，采掘作业，危险物品作业，经国家批准的其他作业。

特种作业人员的安全教育是保护该类作业人员的一项重要措施。通常采取按专业分批集中脱产、集体授课的方式，根据不同工种、专业的具体要求制定教育内容。

特种作业人员需经过与本工种相适应的、专门的安全技术培训，通过国家规定的本工种安全技术理论考核和实际操作技能考核合格，获得特种作业操作证后，方能上岗作业。未经培训或培训考核不合格者，不得上岗作业。特种作业人员持证人员需按国家有关规定，定期办理复审手续。

(8) 调岗与复工的安全教育

① 调岗安全教育。凡因工作需要发生调动和调换到与原工作岗位操作方法有差异的岗位时，应开展相应工种的安全生产教育。教育内容可参照"三级安全教育"的要求确定，一般只需进行车间、班组级教育即可；但调作特种作业人员的，要经过特种作业人员的安全教育和安全培训，并经考核合格取得操作许可证后方能上岗作业。

② 复工安全教育。对于因工伤痊愈后、各种休假超过三个月以上的人员，需进行复工安全教育。通常由企业分别各级进行，经过教育合格后，方允许其上岗操作。

对工伤后的复工安全教育，需要对复工者进行安全意识教育、岗位安全操作技能教育、事故案例警示教育，以及预防措施和安全对策教育等，使其端正思想认识，认真吸取事故教训，提高岗位安全操作技能，防范事故再发生。

对休假后的复工安全教育，要针对休假的类型，结合复工者的具体情况，进行复工"收心"教育，如重温本工种安全操作规程、安全生产责任制等安全规章制度，熟悉机械设备的性能和操作要点，进行实际操作练习等，熟识岗位操作要领。

(二) 班组日常安全生产管理

1. 做好交接班工作

交接班工作的内容有以下五个方面。

① 交工艺　交接班时，应交代清楚当班工艺现状、工艺指标。

② 交设备　交接班时，应交代清楚当班所管辖范围内的设备状况，并向接班人员移交完好的设备。

③ 交工具　交接班时，应确保工具摆放整齐，保持清洁、无损坏、无遗失。

④ 交卫生　交接班时，应保持好设备、工作场所的清洁卫生。

⑤ 交记录　交接班时，确保工艺操作记录、设备运行记录、维修记录等真实、准确和整洁。

开好班前会和班后会，主要从内容、技巧、问题和作用四个方面把握。

(1) 班前、班后会的内容

① 班前会的主要内容。a. 上一班工作开展情况、需交代事项简要汇报；b. 布置任务和人员的工作安排；c. 上级有关指示或要求；d. 结合具体工作任务、工艺指标、设备运行、作业环境等情况做好危险源分析，布置安全措施，进行安全技术交底；e. 解决班组成员的问题。

② 班后会的主要内容。a. 总结、讲评当班工作的完成情况；b. 纠正工作中的

问题，及时制定整改措施并落实；c. 表扬好人好事，批评忽视安全、违章作业等不良现象。

（2）班前、班后会的技巧　主要从如下三方面把握：a. 安全工作内容要主题明确、针对性强；b. 眼看六路，耳听八方，察言观色，注意班组成员情绪、精神状况的变化；c. 注意沟通技巧，调动工作积极性。

（3）班前、班后会易存在的问题　通常，班前、班后会易存在的问题有：a. 流于形式，表现为无内容或内容简单，无重点；b. 敷衍了事，表现为时间短、走过场；c. 丢三落四，东扯西拉，任务不明确，没有交代安全注意事项、缺乏实效等。

（4）班前、班后会的作用　班前会和班后会在安全生产中具有重要的作用，因安全管理是为了防止事故的发生而进行的一系列管理工作，实际上也是为防止事故发生而做的一些超前性工作。

班前会是把人们从比较松散的生活状态进行一次迅速地收拢，使之思想注意力进行一个转变。班前会能够使班组成员做好上岗前的各项准备工作，让员工有充分的思想准备，知道现在该做什么、下一步该做什么，从而使工作有序。班前会除了安排当班的工作外，更重要的一个内容就是结合当班具体工作进行安全思想教育和安全措施的技术交底，确保安全、顺利地完成当班的工作。

班后会则是对工作完成情况和安全上存在的问题进行总结，可防止类似错误的重复发生。更重要的一点是，它可以不断发现工作中的危险点，为今后的工作夯实安全基础。

2. 安全检查

（1）安全检查的内容　班组安全检查要根据工作现场、岗位，编制"安全检查表"，主要内容有如下方面。

① 检查设备、设施、工具是否完好；制动装置是否有效，安全间距是否符合要求；电气线路是否破损、老化，超重吊具和绳索是否达到安全规范要求；设备是否带"病"运转或超负荷运转等。

② 检查设备、设施的安全防护装置是否良好。如防护网（罩）、防护栏、联锁装置、保险装置、指示报警装置等是否齐全、灵敏、有效。

③ 检查生产作业场所和施工现场是否存在不安全因素。如登高扶梯、平台是否符合安全标准，安全通道（出口）是否畅通，产品的堆放、工具的摆放、设备的安全距离、作业人员安全活动的范围是否符合安全要求；危险区域是否设置有安全警示标识和护栏等。

④ 检查易燃易爆物品和剧毒物品等危险化学品的储存、运输、使用和发放情况，是否符合安全管理制度的规定，防火、防爆、通风、照明等是否符合安全要求。

⑤ 检查日常生产中有无违反安全技术操作规程的情况。如操作是否无规程、没有安全指令，是否有冒险进入危险场所对运行中的机械设备进行加油、检查、焊接、修理和清扫卫生等。

⑥ 检查个人劳动保护用品的穿戴和使用情况。如进入工作场所是否正确穿戴防护服、鞋、帽、手套、眼镜、安全带、口罩等。

⑦ 检查有无违反劳动纪律的现象。如在作业场所工作时间有无脱岗、睡岗、串岗、酒后或带病上岗、嬉笑打闹、干私活、精神不集中等。

⑧ 除上述以外的其他需要检查的情况。

（2）安全检查的形式及方法　安全检查类型主要有三检制和安全巡检。

① 三检制。分为班前检查、班中检查、班后检查。

A. 班前检查。主要检查人员、工具、设备、环境等方面的情况。

人员：精神、身体状况，劳保用品穿戴及防护，作业危险点、关键点，应急措施，与其他人的协作。

工具：是否经过安全检查，是否有漏电保护，与工作场所是否适合等。

设备：设备隐患点、安全防护措施、消防设施、是否需要经过批准等。

环境：通风、照明、灰尘、地面、空间、距离等。

B. 班中检查。主要检查人员、设备、环境等方面的情况。

人员：精神、身体状况，劳保用品穿戴及防护，有无违章违纪，有无分散注意力，与其他人协作、沟通。

设备：设备运行状况、安全防护措施等。

环境：现场秩序，有无有害物产生，是否乱倒垃圾等。

C. 班后检查。主要检查人员、设备、环境等方面的情况。

人员：下班后清点人数。

设备：设备、材料（机器零配件）是否摆放整齐。

环境：工作场地是否清扫干净，动火动土作业是否留下安全隐患等。

② 安全巡检。主要采用"望闻听问"四诊法、"四三二一"方法，对症下药，标本兼治。

A. "望闻听问"四诊法

"望"：要害部位，巡检点，人员状态，员工行为。

"闻"：是否有特殊气味。

"听"：是否有特殊或不正常的声音。

"问"：工作情况、时间、地点。

B. "四三二一"方法

"四查"：查安全意识是否强烈；查安全操作规程、安全管理制度是否执行到位；查设备、设施运行状况是否良好，安全措施、安全防护是否到位，物料使用是否有隐患；查作业环境、作业现场是否符合要求。

"三掌握"：掌握本班组个人家庭情况；掌握本班组人员近期精神状况和思想倾向；掌握本班组人员个性特点。

"二抓"：抓安全生产责任制落实与否；抓隐患整改是否落实。

"一严"：严格安全生产奖惩考核。

班组安全检查整改要遵循"三定四不推"原则。

"三定"原则：定整改措施；定完成时间；定整改责任人。

"四不推"原则：班组能整改，不推到工段；工段能整改，不推到车间；车间能整改，不推到厂里；部门能整改，不推到公司。

3. 习惯性违章的管控

习惯性违章指那些固守旧有的不良作业传统和工作习惯，违反安全工作规程的行为。

（1）习惯性违章的主要特征

① 顽固性。习惯性行为方式，如心里不改变，难以纠正。

② 丧失警觉性。习以为常，不以为然。

③ 有影响力。具很强的"传染力"，甚至可危害几代人。

④ 事故必然性。习惯性违章行为越多，发生事故的概率越大。

（2）习惯性违章的主要分类　习惯性违章通常可分为指挥性违章和作业性违章两类。指挥性违章，是指违反国家、行业、技术规程、条例和保证人身安全的技术措施进行劳动组织与指挥的行为。其主体为生产指挥人员，对象为调度指挥时的行为，主要表现形式为不顾主客观条件，强令作业人员冒险作业。作业性违章，是指在完成作业任务的过程中，违反应履行的安全生产职责和应遵守的安全生产规章制度的行为。其主体为直接作业人员、具体的操作人员，对象为作业现场或岗位行为，表现形式如擅自违抗、铤而走险，或不执行安全生产规定。

（3）习惯性违章的控制和纠正　从现实状况来看，习惯性违章受害者多是操作者，班组聚集了操作者；大部分违章在班组；安全生产存在"上紧下松"。因此，班组是管理的重点。对班组而言，反习惯性违章要重点抓好危险源控制、实行标准化作业、应急处置演练、控制"最危险"的员工。

① 危险源控制。对于物，包括安全生产标准化建设、本质安全管理、材料无毒无害；对于人，包括危险分析和控制措施，作业识别、控制措施及推广应用，作业行为安全规范。

② 实行标准化作业。即做好以下方面工作：班组长组织开好班前班后会，开展每周安全学习，抓好危险源控制和检查，搞好"5S"现场管理、目视化管理，进行应急和事故演练。

③ 应急处置演练。抓好以下方面环节：应急计划、流程的编制，可能出现的应急事件，应急过程要注意的安全事项，应急处置活动实战演练，发现违章和问题的改进等。

④ 控制"最危险"的员工。通常，要控制好如下二十三种"最危险"的员工。

一是善于冒险、不考虑后果的"大胆人"；二是吊儿郎当的"马虎人"；三是冒失莽撞的"勇敢人"；四是心存侥幸的"麻痹人"；五是满不在乎的"粗心人"；六是固执己见的"怪癖人"；七是投机取巧的"大能人"；八是牢骚满腹的"情绪人"；九是急于求成的"草率人"；十是难事缠身、心事重重的"忧愁人"；十一是习惯违章的"固执人"；十二是心神不定的"心烦人"；十三是凑凑合合的"懒惰人"；十四是带病工作的"坚强人"；十五是休息不好、身体欠佳的"疲惫人"；十六是变化工种岗位的"改行人"；十七是力不从心的"老工人"；十八是初来乍到的"新工人"；十九是酒后上岗作业的"不醉人"；二十是不求上进的"抛锚人"；二十一是受了委屈的"气愤人"；二十二是单纯追求任务指标的"效益人"；二十三是盲目听从指挥的"糊涂人"。

（沈敏）

第二节　安全隐患排查治理

一、危险源概述

1. 危险源的概念

危险源是指可能导致人身伤害和（或）健康损害的根源、状态或行为，或其组合。在安全工程领域，危险源是指可能导致死亡、伤害、职业病、财产损失、工作环境破坏或这些情况组合的根源或状态。

2. 危险源的构成要素

危险源由三个要素构成，即潜在危险性、存在条件和触发因素。

3. 危险源的属性

危险源的属性包括决定性、可能性和隐蔽性。

（1）危险源的决定性　事故的发生是以危险源的存在为前提的，也就是说危险源的存在是事故发生的基础，离开了危险源一般就不会有事故。系统内存在的就是危险源，而存在的状态或行为既包括管控内的状态或行为，又包括失去管控或管控不足的状态或行为。通常，人们把失去管控或管控不足的状态或行为称之为隐患。由此可见，危险源可能是隐患，也可能不是隐患，但隐患必须存在于危险源之上。这就决定了对危险源的管控要比对隐患的治理要求更全面、更广泛。

（2）危险源的可能性　危险源并不必然导致事故，只有失去管控或管控不足的危险源，才可能导致事故的发生。海因里希事件❶法则1：29：300的事故概率告

---

❶　海因里希事件：1988年由哈特穆特·海因里希博士得出的$H_1 \sim H_6$的气候变冷事件。

诉我们：每 330 起意外事件（隐患），就会有 1 起人员重伤或死亡、29 起人员轻伤、300 起未造成人员伤害。即是说，意外事件（隐患）的量化积累，必然导致事故的发生。因此，要防止事故的发生，归根结底就是监视人的行为、物的状态是否在管控范围内，以及减少和消除意外事件（隐患）。在实际安全管控中，主要是对隐患（即失去管控或管控不足的状态或行为）的认定排查。

（3）危险源的隐蔽性　危险源具有潜性，一是指存在于即将开展的作业过程中，不容易被人们意识或及时发觉，而又有一定危险性的因素；二是指存在于作业过程中的危险源，虽然明确地暴露出来，但没有变为现实的危害。而有相当一部分危险源则是在事故发生后才会明确地显现出来的，故认识危险源的隐蔽性尤为重要。

二、 危险源辨识

1. 危险源辨识的概念
危险源辨识即识别危险源存在并确定其特性的过程。简而言之就是找到它，并对有关性质作出判定。

（1）识别危险源的存在　有没有？在哪里？是什么？

（2）确定其特性　如状态是好是坏？诱发哪种事故？谁会受到伤害？

（3）确定其过程　过程意味着需要先后顺序，即有定义、有标准、有识别的方法；有组织、有人员、有时间、有处置等。

2. 危险源的三要素
危险源的三要素包括危险源的种类、存在条件及触发因素。

（1）危险源的种类

第一类：能源或能量载体或危险物质。

第二类：约束或限制措施破坏或失效的各种因素。该类危险源见表 2-1。

表 2-1　第二类危险源

种类	描述
物的故障	机械设备、装置、部件等，由于性能低下而不能实现预定功能的情况
人的失误	人的行为结果偏离了被要求的标准，即没有完成规定功能的情况
环境因素	生产作业环境中的温度、湿度、噪声、振动、照明或通风换气等方面的问题，会促使人的失误或物的故障发生的情况
管理不善	没有安全规章制度或不健全、不落实；没有操作规程或不健全；教育培训不到位，人员缺乏安全操作知识；劳动组织不合理；对现场工作缺乏安全检查或指导有误；违章指挥、冒险作业；没有或不认真落实防范措施；对事故隐患整改不力等情况

（2）存在条件　如储存条件（如堆放方式、其他物品情况、通风等）、物理状

态参数（如温度、压力等）、设备状况（如设备完好程度、维修保养情况等）、防护条件（如防护措施、安全标志等）。

（3）触发因素

① 人为因素。即个人因素，如操作失误、违章操作、心理因素等。

② 管理因素。如不正确的训练、指挥失误等。

③ 自然因素。即气候条件参数（如气温、气压、湿度、风速）的变化。

④ 气候变化。如雷电、雨雪、地震等。

3. 危险源辨识的程序

依据危险源调查（系统）、生产工艺设备及材料情况、作业环境情况、操作情况、事故情况、安全防护等进行危险源辨识。

4. 危险区域的界定范围（子系统或作业单元）

（1）按危险源是固定还是移动界定　如车辆、搬运。

（2）按危险源是点源还是线源界定　如点源、线源。

（3）按危险作业场所来划定危险源的区域　如有发生爆炸、火灾、触电等危险的场所。

（4）按危险设备所处位置作为危险源的区域　如锅炉房、配电站等。

（5）按能量形式界定危险源　如化学、电气、机械、辐射等。

5. 潜在危险性分析

（1）能量的强度　危险源的能量强度越大，表明其潜在危险性越大。

（2）危险物质的量。

（3）可燃烧爆炸的危险物质　有毒有害危险物质。

6. 危险源的等级划分

（1）按可能性大小划分　非常容易发生、容易发生、较容易发生、不容易发生、难以发生、极难发生六级。

（2）按危害程度划分　可忽略的、临界的、危险的、破坏性的四级。

（3）按单项指标划分　如高处作业，根据高度差指标划分；压力容器，按压力指标划分等。

（4）按企业管理角度划分　公司级、部门级、班组级三级。

7. 危险源辨识的方法

危险源辨识的方法有多种，常见的辨识方法包括但不限于以下几种。

① 询问、交谈。

② 查阅有关记录。

③ 现场观察。

④ 获取外部信息。

⑤ 工作危害分析（JHA）。

⑥ 安全检查表（SCL）。

⑦ 危险与可操作性研究（HAZOP）。

⑧ 事故树分析（ETA）。

⑨ 故障（事故）树分析（FTA）。

三、 危险源管控措施

作业单位和生产单位对作业现场和作业过程中可能存在的危险、有害因素进行辨识后，应制订相应的管控措施。

对危险源的管控主要采取如下措施：消除危险、控制危险、防护危险、隔离防护、提示防护、过程监控、安全确认。

四、 事故隐患排查治理

安全生产事故隐患（简称隐患、安全隐患）是指企业违反安全生产法律、法规、规章、标准、规程和安全生产管理制度，或者因其他因素在生产经营活动中存在可能导致事故发生的物的危险状态、人的不安全行为和管理上的缺陷。

1. 安全生产事故隐患的分类

（1）按安全生产事故隐患的状态　通常分为物的危险状态、人的不安全行为、管理上的缺陷三类。

第一类是物的危险状态：指生产过程或生产区域内的物质条件（如材料、工具、设备、设施、成品、半成品等）处于危险状态。

第二类是人的不安全行为：指人在工作状态过程中的操作、指示或其他具体行为不符合安全规定。

第三类是管理上的缺陷：指在开展各种生产活动中所必须的各种组织、协调等行动存在的缺陷。

（2）根据安全生产事故隐患排查开展情况　将安全生产事故隐患分为基础管理类事故隐患和现场管理类事故隐患两类。

第一类是基础管理类事故隐患：指企业安全管理体制、机制及程序等方面存在的缺陷，如安全生产责任制、安全管理机构、安全培训教育、安全投入、相关方管理、应急管理等方面的缺陷。具体包括以下方面。

① 资质证照。指缺少资质证照或资质证照未合法有效。

② 安全生产管理机构及人员。指安全生产管理机构（含职业健康管理机构）设置缺陷、安全管理人员（含职业健康管理人员）配备缺陷。

③ 安全规章制度。指安全生产责任制缺陷、安全管理制度缺陷、安全操作规程缺陷、制度（文件）管理缺陷。

④ 安全培训教育。指主要负责人和安全管理人员培训教育不足、特种作业人员和特种设备作业人员培训教育不足、一般作业人员培训教育不足。

⑤ 安全投入。指安全投入不足、安全投入使用缺陷。

⑥ 相关方管理。指相关方资质缺陷、安全职责约定缺陷、安全教育和监督管理缺陷。

⑦ 重大危险源管理。指重大危险源辨识与评估缺陷、登记建档备案缺陷、重大危险源监控预警缺陷。

⑧ 个体防护装备。指个体防护装备配备不足、个体防护装备管理缺陷。

⑨ 职业健康。指职业病危害项目申报缺陷、职业病危害因素检测评价缺陷、职业病危害因素告知缺陷、职业健康检查缺陷。

⑩ 应急管理。指应急组织机构和队伍缺陷，应急预案制订及管理缺陷，应急演练实施及评估总结缺陷，应急设施、装备、物资设置配备、维修保养和管理缺陷。

⑪ 隐患排查治理。指事故隐患排查不足、事故隐患治理不足、事故隐患上报不足。

⑫ 事故报告、调查和处理。指事故报告缺陷、事故调查和处理缺陷。

第二类是现场管理类事故隐患：指企业在作业场所环境、设备设施及作业行为上存在的缺陷，主要包括作业场所、设备设施，防护、保险、信号等装置装备，原辅物料、产品，以及职业病危害、相关方作业、安全技能、个体防护、作业许可等方面存在的缺陷。具体分为以下方面。

① 作业场所。指选址缺陷、设计缺陷、施工缺陷、平面布局缺陷、场地狭窄杂乱、地面开口缺陷、安全逃生缺陷、交通线路的配置缺陷、安全标志缺陷。

② 设备设施。指工艺流程缺陷、通用设备设施缺陷、专用设备设施缺陷、特种设备缺陷、消防设备设施缺陷、电气设备缺陷、有较大危险因素的设备设施缺陷、安全监控设备缺陷。

③ 防护、保险、信号等装置装备。指无防护、防护装置和设施缺陷、防护不当。

④ 原辅物料、产品。指一般物品处置不当、危险化学品处置不当。

⑤ 职业病危害。指职业病危害超标、职业病危害因素标识不清。

⑥ 安全技能。指违章指挥、操作错误、使用不安全设备和工具、工具使用错误、冒险作业。

⑦ 个体防护。指个体防护装备使用缺陷、不安全装束。

⑧ 作业许可。指作业前未办理许可手续、安全措施落实缺陷。

2. 安全生产事故隐患的分级

以隐患的整改、治理和排除的难度及其影响范围为标准进行分级，可以分为一般事故隐患和重大事故隐患。

（1）一般事故隐患　是指危害和整改难度较小，发现后能够立即整改排除的隐患。

（2）重大事故隐患　是指危害和整改难度较大，应当全部或局部停产停业，并经过一定时间整改治理方能排除的隐患，或因外部因素影响致使企业自身难以排除的隐患。

3. 事故隐患排查治理的主体责任

（1）企业应当依照法律、法规、规章、标准和规程的要求从事生产活动，严禁非法从事生产经营活动。

（2）企业是事故隐患排查、治理和防控的责任主体。

（3）企业应当建立健全的事故隐患排查治理和分级管控等制度，逐级建立并落实从主要负责人到每个作业人员的隐患排查和分级管控责任制。

（4）企业应当定期组织安全生产管理人员、工程技术人员和其他相关人员排查本单位的事故隐患。对排查出的事故隐患，应当按照等级进行分类登记、建立事故隐患信息档案，并按照职责分工实施监控治理。

（5）企业应当保证事故隐患排查治理所需的资金，建立资金使用专项制度。

（6）企业应当建立事故隐患报告和举报奖励制度，鼓励、发动员工发现和排除事故隐患，鼓励社会公众举报，对发现、排除和举报事故隐患的有功人员，应当给予物质奖励和表彰。

（7）企业将生产经营项目、场所、设备发包、出租的，应当与承包、承租单位签订安全生产管理协议，并在协议中明确各方对事故隐患排查、治理和防控的管理职责。企业对承包、承租单位的事故隐患排查治理负有统一协调和监督管理的职责。

（8）企业应当积极配合行政监管监察部门的监督检查和对事故隐患的依法履职检查，不得拒绝和阻挠。

（9）企业应当及时对事故隐患进行有效治理。对于一般事故隐患，企业（分厂、车间、工段或班组等）负责人或有关人员应立即组织整改。

对于重大事故隐患，须由生产单位主要负责人组织制订并实施事故隐患治理方案。重大事故隐患治理方案应当包括如下六个方面的内容。

① 治理的目标和任务。

② 治理的方法和措施。

③ 经费和物资的落实。

④ 负责治理的机构和人员。

⑤ 治理的时限和要求。

⑥ 安全措施和应急预案。

（10）企业在事故隐患排查治理过程中，应当采取相应的安全措施，防止事故发生。如在事故隐患排除前或排除过程中无法保证安全的，应当从危险区域内撤出作业人员，并疏散可能危及的其他人员，设置警戒标志，暂时停产、停业或停止使用相应设施；对暂时难以停产或停止使用的相关生产装置、设施、设备，应当加强维护和保养，防止事故发生。

（11）企业应当加强对自然灾害的预防。对于因自然灾害可能导致事故灾难的隐患，应当按照有关法律、法规和标准的要求排查治理，采取可靠的预防措施，制订应急预案。在出现预报或可能危及人员安全的情况时，应当及时向下属单位发出预警通知，或采取撤离人员、停止作业、加强监测等安全措施，并及时向当地人民政府及其有关部门报告。

（12）对于政府行政监管监察部门挂牌督办并责令全部或局部停产停业治理的重大事故隐患，在治理工作结束后，有条件的企业应当组织本单位的专家和技术人员对重大事故隐患治理情况进行评估；其他无条件的企业，应当委托具备相应资质的安全评价机构对重大事故隐患治理情况进行评估。

对于挂牌督办的重大事故隐患，经治理、评估后如符合安全生产条件的，企业应当向当地政府行政监管监察部门和有关部门提出恢复生产的书面申请，经审查同意后，方可恢复生产经营。

4. 事故隐患排查治理制度

（1）建立事故隐患排查治理制度的目的　旨在加强企业安全生产隐患排查治理工作的管理，把安全生产的重点转移到事故发生之前，通过对隐患的排查治理有效地避免事故的发生，尽早发现隐患、治理隐患，有效防止和减少事故，并遏制重大事故的发生，全面实现安全生产的目标。

（2）事故隐患排查治理制度的基本结构和内容　与隐患排查治理工作相关的内容应包含在安全生产责任制中，并有专门的隐患排查治理制度，还要在操作规程中有所体现。隐患排查治理制度的基本结构和内容并没有统一的模式和要求，各单位都有符合实际需要、适应本身特点的文件形式规定，但通常包括但不限于如下几个部分：编制目的、适用范围、术语和定义、引用资料、隐患排查职责、隐患排查主要工作程序和内容等的具体规定、需要形成的记录要求及其格式、相关文件。

5. 事故隐患排查治理的内容

（1）隐患排查　企业要经常性地开展安全隐患排查，并切实做到整改措施、责任、资金、时限和预案"五到位"。建立以安全生产专业人员为主导的隐患整改效果评价制度，确保后期整改到位。

企业落实隐患排查工作，要务必做到"两不"：①事故隐患不遗漏，针对本企业、本部门安全生产工作存在的薄弱环节，要加强检查，对检查出来的事故隐患，分类造册，风险分级，加强监管；②事故苗头不放过，坚持检查与整改相结合，边检查、边整改，以检查促整改，对查找出来的突出问题指定专人负责，采取有效措施、限期整改，及时消除事故隐患。

（2）隐患治理　隐患治理是指消除或控制隐患的活动或过程。对排查出的事故隐患，应当按照事故隐患的等级进行登记，建立事故隐患信息档案，并按照职责分工实施监控治理。

企业要及时报安全监管监察和行业主管部门备案。各级政府要对重大隐患实行挂牌督办，确保监控、整改、防范等措施落实到位。

① 对于一般事故隐患。由于其危害和整改难度较小，应当由企业（分厂、车间、工段或班组）负责人或有关人员立即组织整改。

② 对于重大事故隐患。由于其危害和整改难度较大，由企业主要负责人组织制订并实施事故隐患治理方案。同时，应做到"五落实"，即整改责任人、整改措施、整改资金、整改时限和应急预案的落实。

事故隐患治理结束后，应当对事故隐患排查治理情况如实记录，并向作业人员通报。对于重大事故隐患，尤其是本单位难以解决、需要政府或外单位共同工作方能解决的，企业也可以报告给主管的、负有安全生产监督管理职责的部门。

（3）隐患排查治理体系建设

① 隐患排查治理体系建设的要求。加强安全生产风险监控管理。充分运用科技和信息手段，建立健全安全生产风险分级管控体系和隐患排查治理体系，强化监测监控、预报预警，及时发现和消除安全隐患。企业要定期进行安全风险评估分析，重大隐患要及时报安全监管监察和行业主管部门备案。各级政府要对重大隐患实行挂牌督办，确保监控、整改、防范等措施落实到位。各地区要建立重大危险源管理档案，实施动态全程监控。

② 隐患排查治理体系建设的意义

A. 有助于企业落实安全主体责任。企业是安全生产的责任主体，理所当然地也是隐患排查治理和防控的主体。通过建立隐患排查治理体系，实现了对企业安全生产的动态监控，使隐患排查治理从"以政府为主"向"以企业为主"转变，从"治标的隐患排查"向"治本的隐患排查"转变，可以充分调动企业积极性，促使企业由被动接受监管变为主动排查治理隐患，主动加强安全生产。

B. 有助于加强和改进政府安全监管。监管职责明确（管什么、怎么管、谁去管），监管手段提高（信息化）。

C. 有助于综合推进安全生产工作。隐患排查治理体系涵盖了安全生产责任制、安全监管信息化建设、企业安全生产标准化建设、打击非法违法和治理违规违章、群众参与和监督、安全培训教育等方面的工作。

D. 有助于安全生产管理理念、监管机制、监管方式、监管手段的创新和发展。

③ 隐患排查治理体系的构成

A. 摸清企业隐患排查治理情况，实行分级、分类监管。

B. 制订隐患排查治理标准（科学性、全面性、系统性）。

C. 明确各部门工作职责（分工负责、齐抓共管）。

D. 建立隐患排查治理考核制度（政府部门绩效考核和企业考核）。

E. 开发隐患排查治理信息系统（政府端和企业端系统建设）。

F. 开展隐患自查自报。

④ 企业隐患排查治理体系建设

企业是隐患排查治理工作的主体，是隐患排查治理工作的直接实施者。企业隐患排查治理体系工作主要包括自查隐患、治理隐患、自报隐患、分析趋势四个方面。

A. 自查隐患。自查隐患就是在政府及其部门的统一安排和指导下，确定自身分类、分级的定位，采用其适用的隐患排查治理标准，通过准备和组织机构建设、建立健全制度、全面培训、实施排查、分析改进等步骤形成完整的、系统的企业自查机制。

自查是为了发现自身所存在的隐患，保证全面而减少遗漏。

B. 企业隐患治理。企业隐患治理包括一般隐患治理、重大隐患治理、隐患治理措施、闭环管理。

一般隐患治理以整改能力分班组、车间和厂级三级，根据实际情况现场立即整改或限期整改；重大隐患治理包括制订方案和防范措施、实施、效果评估。

C. 企业隐患自报。企业隐患自报内容包括按标准格式填报、现场隐患及时如实自报、管理情况变化时及时自报。

自报方式包括建立企业内部自报程序、基于信息系统自报、小微企业书面自报。

D. 分析趋势。即安全生产形势预测预警，任务包括监控安全生产的状况、指标和指数，定量分析并采取措施。

指数系统建立包括收集数据、分析判断、系数修正、计算、生成图形。

五、 安全生产检查

（一） 安全生产检查分类

1. 定期安全生产检查

定期安全生产检查是指通过有计划、有组织、有目的的形式，由企业组织实施的检查。检查周期应根据企业的规模、性质，以及地区气候、地理环境等予以确定，如月度综合大检查等。定期安全生产检查一般具有组织规模大、检查范围广、有深度、能及时发现并解决问题等特点。

2. 经常性安全生产检查

经常性安全生产检查是指由企业的安全生产管理部门、车间、班组或岗位组织进行的日常检查。通常，主要包括交接班检查、班中检查、特殊检查等几种形式。

（1）交接班检查　是指班组在交接班前，岗位人员对岗位作业环境、管辖的设备和系统安全运行状况等进行检查。

（2）班中检查　是指班组岗位作业人员在工作过程中的安全检查，以及企业领导、安全生产管理部门和车间班组的领导或安全监督管理人员对作业情况的巡视或抽查等。

（3）特殊检查　是指针对存在异常情况的设备、系统，所采取的加强监视运行的措施。

3. 季节性安全生产检查

季节性安全生产检查是指由企业统一组织，检查范围和内容则根据季节变化的特点，按照事故发生的规律，对易发的潜在危险突出重点地进行检查。如春季安全大检查，以防雷、防触电、防跑漏为重点；夏季安全大检查，以防暑降温、防汛为重点；秋季安全大检查，以防火、防冻保暖为重点；冬季安全大检查，以防火、防爆、防煤气中毒为重点。

4. 节假日安全生产检查

节假日安全生产检查是指在节假日（特别是重大节日，如春节、国庆节、元旦、五一劳动节、清明节、端午节等）前后和期间进行有针对性的检查。

5. 专业（项）安全生产检查

专业（项）安全生产检查是指对某个专业（项）问题或在施工（生产）中存在的普遍性安全问题而进行的单项定性或定量检查。

6. 综合性安全生产检查

综合性安全生产检查通常是由上级主管部门或地方人民政府负有安全生产职责的部门，组织对企业进行的安全检查。

7. 不定期安全生产检查

不定期安全生产检查是指企业的工会根据《工会法》及《安全生产法》的有关规定，不定期组织职工代表进行的安全检查。

（二）安全生产检查的内容

安全生产检查的内容主要包括两大方面：软件系统检查和硬件系统检查。

1. 软件系统检查

按《安全生产法》及相关法律规定，软件系统检查的基本内容有以下方面。

（1）查安全意识　检查各级安全生产管理人和员工对安全生产的认识，对安全生产的方针政策、法规和各项规定的理解与贯彻情况，全体员工是否牢固树立了"安全第一，预防为主，综合治理"的思想，对建立健全安全生产管理和安全生产规章制度的重视程度，对安全检查中发现的安全问题或安全隐患的处理态度。各有关部门及人员能否做到当生产、效益与安全发生矛盾时，把安全放在第一位。

（2）查安全制度　主要检查安全管理的各项具体工作的实行情况，如安全生产责任制度，安全生产许可证制度，安全生产教育培训制度（如新员工入厂的"三级"教育制度、特种作业人员和调换工种人员的培训教育制度等），安全措施计划制度，特种作业人员持证上岗制度，专项施工方案专家论证制度，危及施工安全工艺、设备、材料淘汰制度，施工（生产）起重机械使用登记制度，生产安全事故报告和调查处理制度，各种安全技术操作规程，危险作业管理审批制度，易燃、易爆、剧毒、放射性、腐蚀性等危险物品生产、储运、使用的安全管理制度，防护物品的发放和使用制度，安全用电制度，危险场所动火作业审批制度，防火、防爆、防雷、防静电制度，危险岗位巡回检查制度，安全标志管理制度，隐患排查治理制度，消防管理制度，厂（场）内道路交通安全管理制度，职业健康管理制度，应急管理制度，员工工伤保险或安全生产责任险制度，事故隐患报告和举报奖励制度，相关方及外用工管理制度，安全绩效评定管理制度等。检查其是否建立健全，能否有效执行。

（3）查安全管理　主要检查安全生产管理是否有效，安全生产责任制、生产管理和规章制度是否真正得到执行，安全教育、安全技术措施、伤亡事故管理等的实施情况及安全组织管理体系是否完善等。

具体检查如下方面：检查企业领导是否把安全生产工作摆上议事日程，安全生产各项规章制度是否得到落实；检查企业各职能部门在各自业务范围内是否对安全生产负责、落实"一岗双责"；检查安全专职机构是否健全，安全管理人员是否按规定配置；检查员工是否参与安全生产的管理活动；检查改善劳动条件的安全技术措施计划是否按年度编制和执行；检查安全技术措施费用是否按规定提取和使用；检查"三同时"的要求是否得到落实等。

（4）查安全隐患　安全检查的工作内容主要以查现场、查隐患为主。即检查生产作业现场是否符合安全生产要求，检查人员应深入作业现场，检查工人的劳动条件、卫生设施、安全通道，零部件的存放，防护设施状况，电气设备、压力容器、化学用品的储存，粉尘及有毒有害作业部位点的达标情况，车间内的通风照明设施，个人劳动防护用品的使用是否符合规定等。要特别注意对一些要害部位和设备加强检查，如锅炉房、降压站（电力室）、储油罐，以及其他各种存放剧毒、易燃、易爆物等场所。

（5）查整改　主要检查对过去提出的安全问题和发生安全生产事故及安全隐患后是否采取了安全技术措施和安全管理措施，进行整改的效果是否符合要求，是否实行闭环管理。如果没有整改或整改不力的，要重新提出要求，限期整改。对重大事故隐患，应根据不同情况进行查封或拆除。

（6）查事故处理　检查对伤亡事故是否及时报告、认真调查、严肃处理；如未按"四不放过"（即事故原因分析不清不放过、事故责任者和群众没有受到教育不放过、没有制订出防范措施不放过、事故责任者没有收到处理不放过）的要求草率处理的事故，要重新处理，从中找出原因，采取有效措施，防止类似事故重复发生。

2. 硬件系统检查

（1）查生产设备 检查主要生产设备，即主要工序或主要车间的设备，包括生产用的机器、工器具等的运行状况，安全警示标识和防护设施，本质安全。

（2）查辅助设施 检查间接参加生产过程或为生产服务的设备（如工具车间、机修车间等使用的设备）的运行状况、安全防护设施、本质安全。

（3）查安全设施 检查企业安全设施〔如有毒气体的检测报警设施、防火防爆装置、防静电设施、防雷设施、声和（或）光报警及安全联锁装置、消防设施与器材、超温和超压检测仪表、个体防护设施等〕配备是否符合国家有关规定和标准的要求，是否齐全、完好。

（4）查作业环境 检查生产工艺、设备、材料、操作空间、体位、程序、劳动组织、气象条件、采光、通道、物料堆放、地面状态等是否符合安全生产条件要求。

（三）安全生产检查的方式和方法

安全生产检查是搞好安全管理，促进安全生产的一种手段，其目的是消除隐患，克服不安全因素，达到安全生产。在开展安全检查工作中，企业可根据各自的情况和季节特点，做到每次检查的内容有所侧重，突出重点，真正收到较好的效果。

在安全检查中，为了确保安全检查的效果，必须成立一个适应安全检查工作需要的检查组，配备适当的人力、物力。安全检查的规模、范围较大时，由企业负责人或相关领导组织安全、设备、电气、工艺等职能部门和工会及有关人员参加，在厂长（总经理）或总工程师带领下，深入现场，发动员工进行检查。属于专业性检查的，可由企业负责人或分管领导指定有关职能部门领导负责人带队，组成由专业技术人员、安全、设备、电气、工艺和工会以及有经验的老工人参加的检查组。对于每一次检查，事前必须有准备、有目的、有计划，事后有通报、有整改、有跟踪、有总结，实行闭环管理。

1. 安全生产检查的方式

安全生产检查的方式主要有定期检查、连续检查、突击检查、特殊检查等。

（1）定期检查 定期检查是列入计划、每隔一段时间进行一次的检查。如一般性定期检查、专业性定期检查、季节性检查及定期防火检查。它是安全检查的主要形式。

（2）连续检查 连续检查是对某些设备的运行状况和操作进行长时间观察，通过观察发现设备运转的不正常情况并予以调整及做小的维修，以保持设备良好运行状态的一种安全检查方式。如对个人防护用品（防护眼镜、呼吸器、安全鞋、安全帽、手套、防护服等），应采取连续检查的形式，以确保其安全功能。

（3）突击检查　突击检查是一种无一定间隔时间的检查。它是对某个特殊部门、特殊设备或某一工作区域进行的，而且事先未曾预告的一种检查。这种检查可以促进管理人员对安全的重视，促进他们预先做好检查并弥补缺陷。

（4）特殊检查　特殊检查是一种对采用的新设备、新工艺、新建或改建的工程项目，以及出现的新危险因素进行的安全检查。如工业卫生调查、防止物体坠落的检查、事故调查、其他特种检查（对手持工具、平台、个人防护用品、操作点防护、照明设施、通风设备等）。

2. 安全生产检查的方法

（1）常规检查　常规检查是采用较多的一种检查方法。通常是由安全管理人员作为检查工作的主体，到生产作业现场，通过感官或辅助一定的简单工具、仪表等，对作业人员（尤其是相关方人员）的行为、生产设备设施、作业场所的环境条件等进行的定性检查。

（2）安全检查表法　安全检查表法是能够确保安全检查工作更加规范，将个人的行为对检查结果的影响减少到最小的一种常用检查方法。安全检查表是安全检查的一种有效工具，简明易懂，容易掌握。它是一个较为系统的安全问题的清单，事先把检查对象系统地加以剖析，查出不安全因素，然后确定检查项目，并按系统顺序编制成表。

安全检查表一般由安全职能部门或检查组在检查前讨论制订，其主要内容包括检查项目、检查内容、检查标准、检查结果等。

（3）仪器检查法　仪器检查法是指对没有安装在线数据检测系统的机器、设备，通过仪器进行定量化的检验与测量的检查方法。

（4）数据分析法　有些企业的设备、系统的运行数据具有在线监视和记录的设计。设备、系统的运行状况，可通过对其数据的变化趋势进行分析得出结论。

（沈敏）

第三节　培训教育

一、三级安全教育

三级安全教育是指新入厂职员和工人的厂级安全教育、车间级安全教育和岗位（工段、班组）安全教育，是厂矿企业安全生产教育制度的基本形式。三级安全教育制度是企业安全教育的基本教育制度。

三级安全教育是入厂教育、车间教育和班组教育。企业必须对新工人进行安全生产的入厂教育、车间教育、班组教育；对调换新工种、复工或采取新技术、新工艺、新设备、新材料的工人进行新岗位、新操作方法的安全卫生教育。受教育者，经考试合格后，方可上岗操作。

1. 入厂教育

（1）讲解劳动保护的意义、任务、内容及其重要性，使新入厂的职工树立起"安全第一"和"安全生产人人有责"的思想。

（2）介绍企业的安全概况，包括企业安全工作发展史、企业生产特点、工厂设备分布情况（重点介绍接近要害部位、特殊设备的注意事项）、工厂安全生产的组织。

（3）介绍国务院颁发的《全国职工守则》，和《中华人民共和国劳动法》《中华人民共和国劳动合同法》，以及企业内设置的各种警告标志和信号装置等。

（4）介绍企业典型事故案例和教训，抢险、救灾、救人常识以及工伤事故报告程序等。

入厂教育一般由企业安技部门负责进行，时间为 $4\sim16h$。讲解应和看图片、参观劳动保护教育室结合起来，并配发浅显易懂的规定手册。

2. 车间教育

（1）介绍车间的概况　如车间生产的产品、工艺流程及其特点、车间人员结构、安全生产组织状况及活动情况，车间危险区域、有毒有害工种情况，车间劳动保护方面的规章制度和对劳动保护用品的穿戴要求和注意事项，车间事故多发部位、原因、有关特殊规定和安全要求，介绍车间常见事故和对典型事故案例的剖析，介绍车间安全生产中的好人好事，以及车间文明生产方面的具体做法和要求。

（2）根据车间的特点介绍安全技术基础知识　如冷加工车间的特点是金属切削机床多、电气设备多、起重设备多、运输车辆多、各种油类多、生产人员多和生产场地比较拥挤等。机床旋转速度快、力矩大，要教育工人遵守劳动纪律，穿戴好防护用品，小心衣服、发辫被卷进机器或手被旋转的刀具擦伤。要告诉工人在装夹、检查、拆卸、搬运工件（特别是大件）时，防止碰伤、压伤、割伤；调整工夹刀具、测量工件、加油以及调整机床速度均须停车进行；擦车时要切断电源，并悬挂警告牌；清扫铁屑时不能用手拉，要用钩子钩；工作场地应保持整洁，道路畅通；装砂轮要恰当，附件要符合要求规格，砂轮表面和托架之间的空隙不可过大，操作时不要用力过猛，站立的位置应与砂轮保持一定的距离和角度，并戴好防护眼镜；加工超长、超高产品，应有安全防护措施等。其他如铸造、锻造和热处理车间，以及锅炉房、变配电站、危险品仓库、油库等，均应根据各自的特点，对新工人进行安全技术知识教育。

（3）介绍车间防火知识　包括防火的方针、车间易燃易爆品的情况、防火的要害部位及防火的特殊需要、消防用品放置地点、灭火器的性能及使用方法、车间消防组织情况、遇到火险如何处理等。

（4）组织新工人学习安全生产文件和安全操作规程制度，并应教育新工人尊敬师傅、听从指挥、安全生产。车间安全教育由车间主任或安全技术人员负责，授课时间一般需要 4～8 学时。

3. 班组教育

（1）本班组的生产特点、作业环境、危险区域、设备状况、消防设施等　重点介绍高温、高压、易燃易爆、有毒有害、腐蚀、高空作业等方面可能导致事故的危险因素，交代本班组容易发生事故的部位和剖析典型事故案例。

（2）讲解本工种的安全操作规程和岗位责任　重点讲思想上应时刻重视安全生产，自觉遵守安全操作规程，不违章作业；爱护和正确使用机器设备和工具；介绍各种安全活动以及作业环境的安全检查和交接班制度。告诉新工人出了事故或发现了事故隐患，应及时报告领导，采取措施。

（3）讲解如何正确使用、爱护劳动保护用品和明确文明生产的要求　要强调机床转动时，不准戴手套操作；高速切削要戴保护眼镜；工人进入车间戴好工帽；进入施工现场和登高作业，必须戴好安全帽、系好安全带；工作场地要整洁，道路要畅通，物件堆放要整齐等。

（4）实行安全操作示范　组织重视安全、技术熟练、富有经验的老工人进行安全操作示范，边示范、边讲解，重点讲安全操作要领，说明怎样操作是危险的、怎样操作是安全的，以及不遵守操作规程将会造成的严重后果。

二、职业卫生培训

根据《国家安全监管总局办公厅关于加强用人单位职业卫生培训工作的通知》（安监总厅安健〔2015〕121 号）的精神，用人单位是职业卫生培训的责任主体。应当建立职业卫生培训制度，保障职业卫生培训所需的资金投入，将职业卫生培训费用在生产成本中据实列支。要把职业卫生培训纳入本单位职业病防治计划、年度工作计划和目标责任体系，制订实施方案，落实责任人员。要建立健全培训考核制度，严格考核管理，严禁形式主义和弄虚作假。要建立健全培训档案，真实记录培训内容、培训时间、训练科目及考核情况等内容，并将本单位年度培训计划、单位主要负责人和职业卫生管理人员职业卫生培训证明，以及接触职业病危害的劳动者、职业病危害监测人员培训情况等，分类进行归档管理。

企业应用新工艺、新技术、新材料、新设备或转岗导致劳动者接触职业病危害因素变化的，应对劳动者重新进行职业卫生培训。用人单位将职业病危害作业整体外包或使用劳务派遣工从事接触职业病危害作业的，应当将其纳入本单位统一管理，对其进行职业病防治知识、防护技能及岗位操作规程培训。企业接收在校学生实习的，应当对实习学生进行相应的职业卫生培训，提供必要的职业病防护用品。

有条件的地区，可以在危险物品生产、经营、储存单位和矿山、金属冶炼、建筑施工、道路运输等行业领域实行安全与职业卫生统一培训、统一考核，并保证参加职业卫生培训的时间不少于总学时的 30%，继续教育时职业卫生培训不少于20%。经考核合格后，在合格证中注明职业卫生培训内容和培训学时，不再单独进行职业卫生培训。其他行业领域应当按照本通知要求的内容和学时开展职业卫生培训。

企业要重视存在矽尘、石棉粉尘、高毒物品以及放射性危害等职业病危害严重岗位上的劳动者，对其进行专门的职业卫生培训。要把从事接触职业病危害作业的农民工和派遣用工人员作为职业卫生培训的重点人群。针对其流动性大、文化程度偏低、职业病危害防护意识不强等特点，采取形式多样的培训，提高自我防护意识，并经考核合格后方可上岗。

企业要根据行业和岗位特点，制订培训计划，确定培训内容和培训学时，确保培训取得实效。没有能力组织职业卫生培训的企业，可以委托培训机构开展职业卫生培训。

（1）企业主要负责人的主要培训内容　国家职业病防治法律、行政法规和规章，职业病危害防治基础知识，结合行业特点的职业卫生管理要求和措施等。初次培训不得少于 16 学时，继续教育不得少于 8 学时。

（2）职业卫生管理人员的主要培训内容　国家职业病防治法律、行政法规、规章及标准，职业病危害防治知识，主要职业病危害因素及防控措施，职业病防护设施的维护与管理，职业卫生管理要求和措施等。初次培训不得少于 16 学时，继续教育不得少于 8 学时。职业病危害监测人员的培训，可以参照职业卫生管理人员的要求执行。

（3）接触职业病危害的劳动者的主要培训内容　国家职业病防治法规基本知识，本单位职业卫生管理制度和岗位操作规程，所从事岗位的主要职业病危害因素和防范措施，个人劳动防护用品的使用和维护，劳动者的职业卫生保护权利与义务等。初次培训时间不得少于 8 学时，继续教育不得少于 4 学时。煤矿接触职业病危害劳动者的职业卫生培训，按照有关规定执行。

以上三类人员继续教育的周期为一年。企业应用新工艺、新技术、新材料、新设备，或转岗导致劳动者接触职业病危害因素发生变化时，要对劳动者重新进行职业卫生培训，视作继续教育。

企业要充分利用各种通信方式宣传职业病防治知识，鼓励劳动者集中参加网络在线职业卫生培训学习，有关内容和学时可按规定纳入考核体系。鼓励企业按照"看得懂、记得住、用得上"原则，根据不同类别、不同层次、不同岗位人员需求，组织编写学习读本、知识手册等简易教材。要借鉴安全生产培训的有效做法,在职业病危害严重的企业推行交班前职业卫生培训,有针对性地讲述岗位存在的职业病危害因素、岗位操作规程和防护知识等,使交班前职业卫生培训成为职业病危害的第一道防线。

(沈敏)

第四节 应急管理

一、应急预案

企业风险种类多、可能发生多种类型事故的,应当组织编制综合应急预案。企业应当根据有关法律、法规、规章和相关标准,结合本企业组织管理体系、生产规模和可能发生的事故特点,确立本企业的应急预案体系,编制相应的应急预案,并体现自救互救和先期处置等特点。

1. 应急预案的编制

企业主要负责人负责组织编制和实施应急预案,并对应急预案的真实性和实用性负责;各分管负责人应当按照职责分工落实应急预案规定的职责。

企业应急预案分为综合应急预案、专项应急预案和现场处置方案。

综合应急预案:是指企业为应对各种生产安全事故而制订的综合性工作方案,是企业应对生产安全事故的总体工作程序、措施和应急预案体系的总纲。

专项应急预案:是指企业为应对某一种或多种类型生产安全事故,或针对重要生产设施、重大危险源、重大活动而制订的专项性工作方案。

现场处置方案:是指企业根据不同生产安全事故类型,针对具体场所、装置或设施所制订的应急处置措施。

编制应急预案前,编制单位应当进行事故风险评估和应急资源调查。

事故风险评估:是指针对不同事故种类及特点,识别存在的危险危害因素,分析事故可能产生的直接后果,以及次生、衍生后果,评估各种后果的危害程度和影响范围,提出防范和控制事故风险措施的过程。

应急资源调查:是指全面调查本地区、企业第一时间可以调用的应急资源状况和合作区域内可以请求援助的应急资源状况,并结合事故风险评估结论制订应急措施的过程。

应急预案的编制应当遵循“以人为本、依法依规、符合实际、注重实效”的原则,以应急处置为核心,明确应急职责,规范应急程序,细化保障措施。

应急预案的编制应当符合下列基本要求。

① 符合有关法律、法规、规章和标准的规定。

② 符合本地区、本部门的安全生产实际情况。

③ 符合本地区、本部门的危险性分析情况。

④ 应急组织和人员的职责分工明确，并有具体的落实措施。

⑤ 有明确、具体的应急程序和处置措施，并与其应急能力相适应。

⑥ 有明确的应急保障措施，满足本地区、本部门的应急工作需要。

⑦ 应急预案基本要素齐全、完整，应急预案附件提供的信息准确。

⑧ 应急预案内容与相关应急预案相互衔接。

编制应急预案应当成立编制工作小组，由企业有关负责人任组长，吸收与应急预案有关的职能部门，以及有现场处置经验的人员参加。

综合应急预案应当规定应急组织机构及其职责、应急预案体系、事故风险描述、预警及信息报告、应急响应、保障措施、应急预案管理等内容；专项应急预案应当规定应急指挥机构与职责、处置程序和措施等内容；现场处置方案应当规定应急工作职责、应急处置措施和注意事项等内容。事故风险单一、危险性小的企业，可以只编制现场处置方案。

企业应急预案应当包括向上级应急管理机构报告的内容、应急组织机构和人员的联系方式、应急物资储备清单等附件信息。附件信息发生变化时，应当及时更新，确保准确有效。

企业编制的各类应急预案之间应当相互衔接，并与相关人民政府及其部门、应急救援队伍和所涉及其他单位的应急预案相衔接。

企业应当在编制应急预案的基础上，针对工作场所、岗位的特点，编制简明、实用、有效的应急处置卡。应急处置卡应当规定重点岗位、人员的应急处置程序和措施，以及相关联络人员和联系方式，便于作业人员携带。

2. 应急预案的评审、公布和备案

矿山、金属冶炼、建筑施工企业，和易燃易爆物品、危险化学品的生产、经营（带储存设施的，下同）、储存企业，以及使用危险化学品达到国家规定数量的化工企业，烟花爆竹生产、批发经营企业和中型规模以上的其他企业，应当对本企业编制的应急预案进行评审，并形成书面评审纪要。

企业的应急预案经评审或论证后，由企业主要负责人签署公布，并及时发放给企业有关部门、岗位和相关应急救援队伍。

事故风险可能影响周边其他单位、人员的企业，应当将有关事故风险的性质、影响范围和应急防范措施告知周边的其他单位和人员。

企业应当在应急预案公布之日起 20 个工作日内，按照分级属地原则，向有关政府部门进行告知性备案。

3. 应急预案的实施

（1）企业应当组织开展企业的应急预案、应急知识、自救互救和避险逃生技能

的培训活动，使有关人员了解应急预案的内容，熟悉应急职责、应急处置程序和措施。

应急培训的时间、地点、内容、师资、参加人员和考核结果等情况，应当如实记入企业的安全生产教育和培训档案。

（2）企业应当制订应急预案演练计划，根据企业的事故风险特点，每年至少组织一次综合应急预案演练或专项应急预案演练，每半年至少组织一次现场处置方案演练。

（3）应急预案演练结束后，应急预案演练组织单位应当对应急预案演练效果进行评估，撰写应急预案演练评估报告，分析存在的问题，并对应急预案提出修订意见。

（4）应急预案编制单位应当建立应急预案定期评估制度，对预案内容的针对性和实用性进行分析，并对应急预案是否需要修订作出结论。

矿山、金属冶炼、建筑施工企业，和易燃易爆物品、危险化学品等危险物品的生产、经营、储存企业，以及使用危险化学品达到国家规定数量的化工企业，烟花爆竹生产、批发经营企业和中型规模以上的其他企业，应当每三年进行一次应急预案评估。

应急预案评估可以邀请相关专业机构，或有关专家、有实际应急救援工作经验的人员参加，必要时可以委托安全生产技术服务机构实施。

（5）有下列情形之一的，应急预案应当及时修订并归档。

① 依据的法律、法规、规章、标准，及预案中的有关规定发生重大变化的。

② 应急指挥机构及其职责出现调整的。

③ 面临的事故风险发生重大变化的。

④ 重要应急资源发生重大变化的。

⑤ 预案中的其他重要信息发生变化的。

⑥ 在应急演练和事故应急救援中发现问题需要修订的。

⑦ 编制单位认为应当修订的其他情况。

（6）企业应当按照应急预案的规定，落实应急指挥体系、应急救援队伍、应急物资及装备，建立应急物资、装备配备及其使用档案，并对应急物资、装备进行定期检测和维护，使其处于适用状态。

（7）企业发生事故时，应当第一时间启动应急响应，组织有关力量进行救援，并按照规定将事故信息及应急响应启动情况报告安全生产监督管理部门和其他负有安全生产监督管理职责的部门。

（8）生产安全事故应急处置和应急救援结束后，事故发生单位应当对应急预案实施情况进行总结评估。

二、 应急救援装备种类

应急救援装备种类繁多、功能不一、适用性差异大，可按其适用性、具体功能、使用状态进行分类。

1. 按照适用性分类

根据应急装备的适用性，可分为一般通用型应急装备和特殊专业型应急装备。

（1）一般通用型应急装备　主要包括：个体防护装备，如呼吸器、护目镜、安全带等；消防装备，如灭火器、消防锹等；通信装备，如固定电话、移动电话、对讲机等；报警装备，如手摇式报警装备、电铃式报警装备等。

（2）特殊专业型应急装备　因专业不同而各不相同，可分为消火装备、危险品泄漏控制装备、专用通信装备、医疗装备、电力抢险装备等。

2. 按照具体功能分类

根据应急救援装备的具体功能，可将应急救援装备分为预测预警装备、个体防护装备、通信与信息装备、灭火抢险装备、医疗救护装备、交通运输装备、工程救援装备、应急技术装备等八大类及若干小类。

（1）预测预警装备　可分为监测装备、报警装备、联动控制装备、安全标志等。

（2）个体防护装备　可分为头部、眼面部、耳部、呼吸器官、躯干、手部、足部等部位防护装备，以及坠落防护装备。

（3）通信与信息装备　可分为防爆通信装备、卫星通信装备、信息传输处理装备等。

（4）灭火抢险装备　可分为灭火器、消防车、消防炮、消防栓、破拆工具、登高工具、消防照明、救生工具、常压和带压堵漏器材等。

（5）医疗救护装备　可分为多功能急救箱、伤员转运装备、现场急救装备等。

（6）交通运输装备　可分为运输车辆、装卸设备等。

（7）工程救援装备　可分为地下金属管线探测设备、起重设备、推土机、挖掘机、探照灯等。

（8）应急技术装备　可分为 GPS（全球卫星定位系统）技术、GIS（地理信息系统）技术、无火花堵漏技术等。

3. 按照使用状态分类

根据应急救援装备的使用状态，可分为日常应急救援装备和战时应急救援装备两类。

（1）日常应急救援装备　是指日常生产、工作、生活等状态下，仍然运行的应急通信、视频监控、气体监测等装备。如随时进行监控、接受报告的应急指挥大厅里配备的专用通信设施、视频监控设施等，以及进行动态监测的仪器仪表，如固定式可燃气体监测仪、大气监测仪、水质监测仪等。

（2）战时应急救援装备　是指在出现事故险情或事故发生时，投入使用的应急救援装备，如灭火器、消防车、空气呼吸器、抽水机、排烟机等。

日常应急救援装备与战时应急装备不能严格区分，许多应急救援装备既是日常应急救援装备，又是战时应急救援装备。如水质监测仪，在生产、工作、生活等正常状态下主要是进行日常监测预警；在事故发生时，则是进行动态监测，确定应急救援是否结束。

三、现场急救常识

当工作场所发生人身伤害事故后，如果能采取现场应急措施，可以大大降低死亡和一些后遗症的发生概率。因此，每个职工应熟悉急救方法，以便在事故发生后自救互救。

（一）急救的一般原则和步骤

事故发生后，应采取必要措施，避免更多的人员受到伤害。同时，对受伤人员要进行现场急救，呼叫救护车，转送伤员。

现场急救的步骤：首先检查呼吸、心跳，如呼吸、心跳停止，应即刻进行人工呼吸和心脏挤压；对于流血不止的伤员，应立即采取止血措施；治疗休克；对骨折处进行固定；包扎伤口。

（二）常见的几种急救方法

1. 人工呼吸与心脏挤压

（1）人工呼吸　当伤员呼吸停止、心脏仍然跳动或刚停止跳动时，以人工的方法使空气进出肺部，供给人体组织所需要的氧气，称人工呼吸法。采用人工的方法来代替肺的呼吸活动，可及时有效地使气体有节律地进入和排出肺脏，维持通气功能，促使呼吸中枢尽早恢复功能，使处于假死的伤员尽快脱离缺氧状态，受抑制的功能得以兴奋，恢复人体自如呼吸。因此，人工呼吸是复苏伤员的一种重要的急救措施。

人工呼吸法主要有两种：一种是口对口人工呼吸法，即让伤员仰卧，一手掐住伤员的鼻孔（避免漏气），并将手掌外缘压住额部，另一只手将伤员下颚托起。救护者深呼吸后，紧贴伤员的口，用力将气吹入。另一种是口对鼻吹气法，如果伤员口腔紧闭不能撬开，可用此法，即用一手闭住伤员的口，以口对鼻吹气。

实行人工呼吸时应注意的要点：实行人工呼吸前，要解开伤员领扣、紧身衣服及腰带；清除口腔内异物，如黏液、血块等；将其舌头拉出口外，以保持呼吸畅通。

（2）心脏挤压　心脏骤停时依靠外力有节律地挤压心脏，来代替心脏的自然收缩，可暂时维持心脏排送血液功能的方法，称为胸外心脏挤压。

具体做法：让伤员仰卧在木板或地上，头部放平，救护者跪在伤员身旁，将一手掌根部放在伤员胸骨体的中、下 1/3 交界处；另一手重叠于前一手的手背上，两肘伸直；借自身体重量和肩臂部肌肉的力量，急促向下压迫胸骨，使其下陷 3～4cm，然后放松，依靠胸廓的弹性，使胸骨复位。此时心脏舒张，大静脉的血液回流到心脏。如此反复进行，每分钟 60～80 次。

在挤压的同时，要随时观察伤员的情况。如能摸到脉搏，出现瞳孔缩小、面有红润，说明心脏挤压已见效。

2. 止血

人体在突发事故中引起的创伤，无论是闭合性的还是开放性的，都常伴有不同程度的软组织和血管的损伤，造成出血征象。若出血量超过 1000mL，血压就会明显降低，出现肌肉抽搐，甚至神志不清，呈休克状态；若不迅速采取止血措施，就会有生命危险。

常用的止血方法主要是压迫止血法、止血带止血法、加压包扎止血法和加垫屈肢止血法等。

（1）压迫止血法　适用于头、颈、四肢动脉大血管出血的临时止血。当一个人负伤流血，只要立刻以手指或手掌用力压紧靠近心脏一端的动脉跳动处，并把血管压紧在骨头上，就能很快地起到临时止血的效果。

（2）止血带止血法　适用于四肢大血管出血，尤其是动脉出血。用止血带（一般为橡皮管、纱布、毛巾、布带等）绕肢体绑扎打结固定，或在结内穿一根短木棍，转动此棍，绞紧止血带，直到不流血为止。

（3）加压包扎止血法　适用于小血管和毛细血管的止血。若伤肢有骨折，还要另加夹板固定。伤口覆盖无菌敷料后，再用纱布、棉花、毛巾、衣服等折叠成相应大小的垫，置于无菌敷料上面，然后再用绷带、三角巾等紧紧包扎，以停止出血为度。

（4）加垫屈肢止血法　多用于小臂和小腿的止血。它是利用肘关节或膝关节的弯曲功能，压迫血管达到止血目的的。具体方法是在肘窝或腘窝内放入棉垫或布垫，然后使关节弯曲到最大限度，再用绷带把前臂与上臂固定。

3. 包扎

包扎是为了保护伤口，减少感染，固定敷料、夹板及压迫止血。包扎所用的材料可用绷带、三角巾，或用衣服、床单、毛巾等代替。

（1）绷带包扎

① 环形包扎法。适用于颈部、腕部和额部等处。绷带每圈须完全或大部分重叠，末端用胶布固定，或将绷带尾部撕开打一活结固定。

②螺旋包扎法。多用于前臂和手指包扎。先用环形法固定起始端，把绷带渐渐斜旋上缠或下缠，每圈压前圈的一半或1/3，呈螺旋形，尾端在原位缠两圈予以固定。

③螺旋反折包扎法。多用于粗细不等的四肢包扎。开始先用螺旋包扎，待到渐粗处，以一手拇指按住绷带上面，另一手将绷带自该点反折向下，并盖前圈的一半或1/3。各圈反折须整齐排列，反折头不宜在伤口和骨头突出的部位。

④"8"字包扎法。多用于肘、膝、腕和踝等关节处。包扎是以关节为中心，从中心向两边缠，一圈向上、一圈向下地包扎。

⑤回转包扎法。用于头部的包扎。自右耳上开始，经额、左耳上，枕外粗隆下，然后回到右耳上始点，缠绕两圈后到额中时，将带反折，用左手拇指、食指按住，绷带经过头顶中央到枕外粗隆下面，由伤员或助手按住此点，绷带在中间绷带的两侧回返，直到包盖住全头部，然后缠绕两圈加以固定。

（2）三角巾包扎

①头部包扎法。将三角巾底边折叠成两指宽，放于前额与眼眉平，顶尖拉向脑后。三角巾的两端经两耳的上方，拉向后头在枕外粗隆之下打结。如三角巾有富余，在此交叉再绕回前额结扎。

另外，可将三角巾的顶角和底部各打一结，形似风帽。把顶角结放于前额，底边置于枕外粗隆下方，包住头部，两角往面部拉紧，包绕下颌拉至脑后打结固定。

②面部包扎法。先在三角巾顶角打一结，套在下颌处，罩于头面部，用力向枕部拉紧，左右交叉压住底边，绕至前额打结，然后用左手拇指、食指尖轻轻拉起眼、口处剪洞。

③上肢包扎法。当手臂外伤时，可采用悬带法；当肩部和上臂受伤时，可采用肩部三角巾包扎法；当手部受伤时，可采用手部三角巾包扎法。

④下肢包扎法。当膝关节（肘关节相同）受伤时，可采用膝部三角巾包扎法；当足部外伤时，可采用足部三角巾包扎法。

4. 断肢(指)与骨折的处理

发生断肢（指）后，除做必要的急救外，还应注意保存断肢（指），以求进行再植。保存的方法是：将断肢（指）用清洁布巾包好，不要用水冲洗伤面，也不要用各种溶液浸泡。

对于骨折的伤员，不要进行现场复位，但在送往医院前，需进行伤肢固定。如锁骨骨折，可做"8"字带固定；肱骨骨折可用夹板固定，即就地取材，如木板、竹片、条状物等，根据伤员上臂长短取三块即可；股骨骨折时，可用两块一定长度的木板，分别置于两侧，分段用绷带固定。

5. 眼部伤害的处理

（1）角结膜异物　角结膜异物就是我们常说的"眼睛里面进了东西"，这些异物多为金属屑末、灰渣等。当异物落在表面时，可用清洁手帕将其揩去；如有困难，则应立即就医。切不可用手去揉眼睛，以免异物进入深部，造成更大的伤害。

（2）眼挫伤　眼部因金属块、石块等钝器打击造成眼部挫伤时，应立即就医。因为挫伤的程度不能单凭外部表现下结论，应做详细检查。如致眼睑血肿，可做冷敷。

（3）眼部灼伤　强酸、强碱、高热的蒸汽或液体等冲溅到眼部，可引起眼部灼热。眼部发生灼伤后，首先进行简易的冲洗，即用手将患眼撑开，把面部浸入清水中，将头轻轻摇动，洗去化学物质。冲洗时间不少于10min，然后再将伤员送往医院继续治疗。

6. 化学危险品伤害的急救

（1）化学中毒　进行急救时，救援人员应加以预防，避免成为新的受害者。因此，救护者在进入危险区域前必须戴好防毒面具、自救器等防护用品，必要时也应给中毒者戴上；迅速将中毒者小心地从危险环境转移到一个安全、通风的地方。如果是在深坑或地下场所进行救援工作，应发出警报以求帮助。若单独进入危险地方帮助他人，可能导致两人都受伤。如果伤员失去知觉，可将其放在毛毯上提拉，或抓住衣服，头朝前地转移出去。

应加强全面通风或局部通风，用大量新鲜空气将车间工作地点中的有毒、有害气体浓度稀释冲淡，以达到或接近卫生标准。

脱去中毒者被污染的衣服，松开其领口、腰带，使中毒者能够顺畅地呼吸新鲜空气。如果毒物污染了眼部、皮肤，应立即用水冲洗。对于口服毒物的中毒者，应设法催吐。简单有效的方法是：用手指刺激其舌根，如是腐蚀性毒物，可口服牛奶、蛋清、植物油等进行保护。

化学中毒常伴有休克、呼吸障碍和心脏骤停，此时应实行人工呼吸和心脏挤压，同时针刺人中穴。如果是硫化氢中毒，在进行人工呼吸之前，要用浸透食盐溶液的棉花或手帕盖住中毒者的口鼻；如果是一氧化碳中毒，在清除中毒者口腔、鼻孔内的杂物，使其呼吸道保持畅通以后，再立即进行人工呼吸。在救护中，救护人员一定要沉着，动作要迅速。对任何处于昏迷或不清醒状态的中毒人员，必须尽快送往医院或医务部门，如有必要，还应有一位能随时给中毒人员进行人工呼吸的人同行。

（2）化学烧伤　化学物质对人体组织有热力、腐蚀致伤作用，一般称为化学烧伤。其烧伤的程度取决于化学物质的种类、浓度和作用持续时间。常见的化学烧伤有碱烧伤，如氢氧化钠、氢氧化钾、生石灰等造成的烧伤，其特点是穿透力强，在烧伤后的2天内还可以逐渐向深层、周围组织扩大损伤，能使细胞脱水、蛋白凝固；酸烧伤，如硫酸、硝酸、盐酸等造成的烧伤，一般不向深层扩散，所以伤口浅、局部肿胀轻、创面干燥，但常有局部持续性疼痛。

对化学烧伤的现场急救有以下几种方法。

① 迅速清除残余在创面上的化学物质，以减少创面继续损伤。许多化学烧伤是皮肤或眼睛烧伤。如果化学品溅到人的皮肤或眼睛上，要用大量水冲洗至少10min（除非另有说明），切忌用手或手帕揉擦眼睛，以免加大创伤。如果衣服被污染，应立即脱掉或将污染的部位撕掉，同时用大量水冲洗。如果有应急淋浴设施，要把烧伤的人送到淋浴室，脱掉所有被污染的衣服并用水冲洗。

② 恰当地采用中和治疗。酸烧伤可用2%苏打水、3%食盐水或肥皂水冲洗中和；碱烧伤可用3%硼酸水或2%乙酸（俗称醋酸）溶液冲洗中和。经酸碱中和处理和清水冲洗后的创面，应防止继发性感染和再损伤。

③ 如果误服危险性化学物品，急救的处理将取决于物质的性质。对于大多数的物质，如果当时受伤人员是有知觉的，应设法使他尽快吐出来；如果服下的是有机溶剂，吐出来会更有损健康，可参照化学品盛装容器上的标签或化学安全数据表进行处理；如果受伤人员不清醒，应立即送去就医。

7. 伤员的搬运

经过急救以后，就要把伤员迅速送往医院。搬运伤员也是救护的一个非常重要的环节。如果搬运不当，可使伤情加重，严重时还可能造成神经、血管损伤，甚至瘫痪，难以治疗。因此，对伤员的搬运应十分小心。

（1）扶、捎、背、抱搬运法　如果伤员伤势不重，可采用扶、捎、背、抱的方法将伤员运走。

① 单人扶着行走。左手拉着伤员的手，右手扶住伤员的腰部，慢慢行走。此法适于伤员伤势不重、神志清醒时使用。

② 肩膝手抱法。伤员不能行走，但上肢还有力量，可让伤员钩在搬运者颈上。此法禁用于脊柱骨折的伤员。

③ 背驮法。先将伤员支起，然后背着走。

④ 双人平抱着走。两个搬运者站在同侧，抱起伤员。

（2）其他几种伤情搬运法

① 脊柱骨折搬运。对于脊柱骨折的伤员，一定要用木板做的硬担架抬运。应由2～4人，使伤员呈一线起落，步调一致。切忌一人抬胸、一人抬腿。伤员放到担架上后，要让他平卧，腰部垫一个衣服垫，然后用3～4根皮带把伤员固定在木板上，以免在搬运中滚动或跌落，造成脊柱移位或扭转，刺激血管和神经，使下肢瘫痪。

② 颅脑伤昏迷搬运。首先要清除伤员身上可能存在的泥土堆盖物。搬运时要两人以上，重点保护头。伤员放在担架上应采取半卧位，头部侧向一边，以免呕吐时呕吐物阻塞气道而窒息。

③ 颈椎骨折搬运。搬运时，应由一人稳定伤员头部，其他人以协调力量平直抬在担架上，头部左右两侧用衣物、软枕加以固定，防止左右摆动。

④ 腹部损伤搬运。严重腹部损伤者，多有腹腔脏器从伤口脱出，可采用布带、绷带做一个略大的环圈盖住加以保护，然后固定。搬运时伤员采取仰卧位，并使下肢屈曲，防止其腹压增加而使肠管继续脱出。

（黄华文）

第五节　有限空间作业管理

一、有限空间分类

有限空间，又称受限空间或密闭空间，是指封闭或部分封闭、与外界相对隔离的空间，有限空间的出入口较为狭窄，作业人员不能长时间在内工作，因自然通风不良，易造成有毒有害、易燃易爆物质积聚或氧含量不足。全国各地时有发生有限空间作业事故或生活事故，甚至是群死群伤的悲剧，造成生命财产重大损失，并产生不良的社会影响。

有限空间作业是指作业人员进入有限空间实施的作业活动。有限空间作业属于高风险作业，因为空间内极易产生硫化氢、一氧化碳等有毒有害气体或其他危险源，导致人员伤亡。

有限空间分为以下三类。

（1）密闭设备　如船舱、贮罐、车载槽罐、反应塔（釜）、压力容器、冷藏箱、管道、烟道、锅炉等。

（2）地下有限空间　如地下室、地下仓库、隧道、地窖、地下工程、地下管道、暗沟、涵洞、地坑、废井、污水池（井）、沼气池、化粪池、下水道、废弃矿井等。

（3）地上有限空间　如储藏室、温室、冷库、酒槽池、发酵池、粮仓、料仓、垃圾站等。

此外，符合下列条件之一的围堤，可视为有限空间：①高于1.2m的垂直墙壁围堤，且围堤内外没有到顶部的台阶；②在围堤区域内，作业者身体暴露于物理或化学危害之中；③围堤内可能存在比空气重的有毒有害气体。

符合下列条件之一的动土或开渠，可视为有限空间：①动土或开渠深度大于1.2m，或作业时人员的头部在地面以下的；②在动土或开渠区域内，身体处于物理或化学危害之中；③在动土或开渠区域内，可能存在比空气重的有毒有害气体；④在动土或开渠区域内，没有撤离通道的。

二、 有限空间作业风险识别

有限空间作业风险主要有：作业环境情况复杂、危险性大、发生事故后果严重、容易因盲目施救造成伤亡扩大等。可能发生的事故类型有：中毒，窒息，火灾、爆炸，触电，滑倒、摔倒及跌落，淹溺及坍塌掩埋，机械伤害及其他伤害等事故。

1. 中毒

有限空间容易积聚高浓度的有害物质，引起中毒。有害气体可能是原来就存在于有限空间的，也可能是在作业过程中逐渐积聚形成的。

生产、储存、使用危险化学品或因微生物作用，产生有毒有害气体，容易积聚，一段时间后会形成较高浓度。比如化粪池中的沼气、排污管道污水中的硫化氢、密闭空间空气中混杂的一氧化碳等。有的会在打开密闭空间的瞬间溢出，有的会在人员作业过程中经扰动溢出，其溢出的有毒气体超过容许浓度时就会造成作业人员中毒或窒息的后果。

有限空间作业中较为常见的有毒气体是硫化氢（H_2S）和一氧化碳（CO）。

硫化氢（H_2S）是无色气体，有特殊的臭味（臭鸡蛋味），易溶于水；比重比空气大，易积聚在通风不良的城市污水管道、窨井、化粪池、污水池、纸浆池及其他各类发酵池和蔬菜腌制池等的低洼处。硫化氢属窒息性气体，是一种强烈的神经毒物。其轻度中毒表现为眼痛畏光、咳嗽、头痛、乏力、恶心、眼结膜充血、肺部有干性啰音；中度中毒表现为轻度意识障碍、胸闷、视力模糊、结膜水肿、溃疡、肺部可闻及啰音；重度中毒以中枢神经系统症状最为突出，表现为抽搐、大小便失禁、迅速陷入昏迷状态，多同时伴有肺水肿、心悸、气急、胸闷等症状，心电图有心肌缺血表现，也可伴有各种类型的心律失常；极重患者可发生"电击样"死亡。

一氧化碳（CO）是无色、无臭气体，微溶于水，可溶于乙醇、苯等多数有机溶剂；属于易燃易爆、有毒气体，与空气混合能形成爆炸性混合物，遇明火、高热能引起燃烧爆炸。一氧化碳在血液中易与血红蛋白结合（相对于氧气）而造成组织缺氧。轻度中毒者可出现头痛、头晕、耳鸣、心悸、恶心、呕吐、无力，血液碳氧血红蛋白浓度可高于 10%；中度中毒者除上述症状外，还有皮肤黏膜呈樱红色、脉快、烦躁、步态不稳、浅至中度昏迷，血液碳氧血红蛋白浓度可高于 30%；重度患者表现为深度昏迷、瞳孔缩小、肌张力增强、频繁抽搐、大小便失禁、休克、肺水肿、严重心肌损害等。

2. 窒息

有限空间缺乏良好的自然通风，易使空气中氧气浓度过低而引起缺氧窒息。例如，有限空间的氧气被细菌消耗导致缺氧；在有限空间中进行焊接、加热、切割作业会消耗氧，同时氧气被惰性气体置换，导致缺氧；常见的氮气、二氧化碳等气体，本身无毒性，但因它们在空气中含量高，使氧气含量大大降低，导致机体缺氧。

沼气，是沼泽湿地里的气体。人们经常看到，在沼泽地、污水沟或粪池里，有气泡冒出来，这就是自然界天然产生的沼气。沼气，是在隔绝空气（厌氧环境），并在适宜的温度、pH下，经过甲烷杆菌的厌氧发酵作用产生的一种可燃烧气体。沼气是一种无色无味的气体混合物，由甲烷（50%～80%）、二氧化碳（20%～40%）、氮气（0%～5%）、氢气（小于1%）、硫化氢（0.1%～3%）等组成。当空气中的甲烷达25%～30%时，可引起头痛、头晕、乏力、注意力不集中、呼吸和心跳加速、共济失调。若不及时脱离有限空间，可致窒息死亡。

3. 火灾、爆炸

在有限空间的作业系统中，常存在着易燃易爆气体。易燃易爆气体浓度达到爆炸极限，遇火源会引起火灾、爆炸。

空气中一些有毒气体的含量达到一定比例时，有火源存在就会有易燃易爆风险。比如一氧化碳与空气的混合比例达到12.5%～74.2%时，可发生燃烧爆炸；硫化氢自燃点为246℃，爆炸极限范围为4.3%～46%；甲烷等气体混合物也存在火灾、爆炸的可能性。

当密闭空间内存在可燃性气体和粉尘时，所使用的器具应达到防爆的要求。

4. 触电

在潮湿的有限空间内进行电焊作业时，电焊线从唯一的入孔出入口拉入，极易造成触电；随意把不规范的焊线接头放置在有限空间的钢板上，极易造成漏电；电焊线和焊接部位上下交叉，焊线绝缘极易被电焊火烧毁，导致漏电，造成触电伤亡；在未断电的情况下，随意把使用的焊把、焊帽放置在潮湿的钢板上，极易造成漏电；临时照明未设置防护罩等防护措施，极易发生触电、伤亡等；在潮湿环境内进行清理作业，极易发生漏电事故。

进入有限空间前，操作人员必须仔细检查将要使用的电动工具及其适用场合，尤其是工具的电缆。在某些有限空间必须使用防爆型电器或防火花工具。在潮湿的有限空间，电压则应选择使用更低的安全电压，用电工具还必须使用漏电保护器或其他保护措施。在有限空间内使用的电器工具和设备必须接地或是双重绝缘型的。

5. 滑倒、摔倒及跌落

光滑或潮湿表面易导致人员摔倒；开口位于有限空间顶部或有限空间开口开启不能有效监护的，易发生物料意外坠入导致下方人员伤害或无关人员意外坠入。

为避免人员在有限空间内发生滑倒、摔倒或跌落等意外，应提供适当的照明。在人员进入前，应进行适当的整理与清洁，不需要的剩余材料等应从工作位置和地面清除。如果使用梯具，应确保梯具处于良好的状况，同时遵守梯具安全使用要求；在高处作业时，应对所有开口区域进行保护，防止意外坠落，并根据需要使用坠落防护设备。

6. 淹溺及坍塌掩埋

进入有限空间前，液体应完全被排空或吹干，否则可能导致人员溺亡。对于容量较大的液体，容易被识别。但实际上经常会发生人员在小容量液体中溺亡的情况。比如，因缺氧或存在有毒气体，或人员不小心碰击头部导致失去知觉，在倒地时脸部面向液面，就可能发生溺亡。

物料流动或注入易出现吞没人员。任何情况下，若存在陷入或吞没危险的环境，如非绝对必要，不得进入。如果必须进入，授权人员必须提供工作程序。如果工作人员可能遇到坠物的危险，要注意合理计划作业，对上方可能出现的危害进行稳固的防护，如佩戴安全帽、避免交叉作业和同时进入。需要多个人员进入时，可待先行人员完全到位后再进入另一名人员。

7. 机械伤害及其他伤害

在有限空间内搭架作业，上下交叉同时进行，极易发生物体打击、机械伤害等事故；在照明严重不足时进行清理作业，极易发生物体打击伤害事故；在含酸、碱等化学物品的有限空间内进行清理作业，而没有佩戴防护眼镜时，极易发生眼睛失明的灼烫事故。

机械的运转部位是造成机械伤害的重要源头之一。为确保机械安全，一般都会在所有运转部位、传动部位及啮合部位安装安全防护罩。在进入有限空间作业时，往往需要打开这些安全防护罩，导致作业人员暴露于这些危险的机械部位前。因此，通常在进入前必须进行锁定工作，以防止机械的无意启动造成人员伤害。

常见有限空间作业危险有害因素分析见表 2-2。

表 2-2　常见有限空间作业危险有害因素分析

有限空间种类	有限空间名称	主要危险有害因素
封闭或半封闭设备	船舱、储罐、车载槽罐、反应塔(釜)、压力容器等	缺氧窒息、一氧化碳中毒、挥发性有机溶剂中毒、爆炸
地下有限空间	地下室、地下仓库、隧道、地窖等	缺氧窒息
	地下工程、地下管道、暗沟、涵洞、地坑、电缆井、热力井、废井、污水池(井)、沼气池、化粪池、下水道等	缺氧窒息(CO_2、CH_4 等排挤氧)、一氧化碳中毒、硫化氢中毒、有机物中毒、可燃性气体(CO、CH_4 等)爆炸
	储藏室、温室、冷库等	缺氧窒息
地上有限空间	酒槽池、发酵池	缺氧窒息
	垃圾站	缺氧窒息、硫化氢中毒、可燃性气体爆炸
	粮仓	缺氧窒息、粉尘爆炸、磷化氢中毒
	料仓	缺氧窒息、粉尘爆炸

三、 有限空间作业的管控要求

有限空间作业涉及的行业领域非常广泛，如煤矿、化工、冶金、建筑、电力、特种设备等。有限空间内作业，管理稍有不慎，极易导致火灾、爆炸、中毒、窒息等人身伤害事故，给作业人员的安全带来严重隐患。

1. 建立作业台账

企业要对有限空间进行辨识，确定有限空间的数量、位置及危险有害因素等基本情况，建立有限空间管理台账并及时更新。在辨识出的有限空间作业场所或设备附近设置清晰、醒目、规范的警示标识和危险告知牌。警示告知有限空间风险时，应标明有限空间编号、主要危险有害因素、操作重点事项和报警救援电话，严禁擅自进入和盲目施救。

企业应该在有限空间重点部位和作业现场安装视频监控。有限空间管理队伍的成员应每月对本单位的警示标识和危险告知牌进行检查，发现损坏、遗失，及时更换或补充并记录。

2. 建立有限空间作业安全制度和规程

企业应当建立有限空间作业相关的安全生产制度和规程，具体包括以下内容。

（1）有限空间作业安全责任制度。

（2）有限空间作业审批制度。

（3）有限空间作业现场安全管理制度。

（4）有限空间作业现场负责人、监护人员、作业人员、应急救援人员安全培训教育制度。

（5）有限空间作业应急管理制度。

（6）有限空间作业安全操作规程。

3. 强化作业安全培训

多渠道拓宽和提升有限空间作业的安全宣教水平。使作业人员充分认识宣教培训的重要性和必要性，切实提升安全风险意识。应对涉及有限空间的授权审批人员、现场负责人、监护人员、作业人员、应急救援人员、设备点检人员、劳保用品采购人员等进行专项培训。主要培训内容如下。

（1）有限空间作业的危险有害因素和安全防范措施。

（2）作业审批制度。

（3）有限空间作业的安全操作规程。

（4）检测仪器、劳动防护用品的正确使用。

（5）紧急情况下的应急处置措施。

（6）典型事故案例分析。

4. 严格作业流程

（1）作业必须履行审批手续。

（2）作业前必须进行危险有害因素辨识，并将危险有害因素、防控措施和应急措施告知作业人员。

（3）必须采取通风措施，保持空气流通。

（4）必须对有限空间的氧浓度、有毒有害气体（如一氧化碳、硫化氢等）浓度等进行检测。检测结果合格后，方可作业。

（5）作业现场必须配备呼吸器、通信器材、安全绳索等防护设施和应急装备。

（6）作业现场必须设置监护人员。

（7）作业现场必须设置安全警示标识，保持出入口畅通。

（8）严禁在事故发生后盲目施救。

（9）发现危险征兆时应通知作业人员迅速撤离。发生事故后，现场有关人员应当立即报警。应急人员实施救援时，应当做好自身防护，佩戴必要的呼吸器具、救援器材。

（10）工作结束后，清点人数，清理工作现场、设备，恢复安全装置，进行工作小结，关闭许可。

5. 加强通风和检测

进行有限空间作业前必须严格实行作业审批制度，严禁擅自进入有限空间作业。有限作业应该按照"先通风、再检测、后作业"的作业原则，确认在通风良好、检测达标的情况下方可开展作业，并应该按规定佩戴劳动防护用品。

当工作人员必须进入缺氧的有限空间作业时，应符合《缺氧危险作业安全规程》（GB 8958）的规定。凡进行作业时，均应采取机械通风。

（1）为保证足够的新鲜空气供给，应持续强制性通风，通风换气频率不能少于 3～5 次/h。

（2）通风时应考虑足够的通风量，保证能稀释作业过程中释放出来的危害物质，并满足呼吸供应。

（3）强制通风时，应把通风管道延伸至密闭空间底部，有效去除重于空气的有害气体或蒸气，保持空气流通。

（4）一般情况下，禁止直接向密闭空间输送氧气，防止空气中氧气浓度过高导致危险。

（5）作业前 30min 内进行检测，对有限空间中硫化氢、一氧化碳、氧气等的含量检测合格后方可作业。

应用具有报警装置并经检定合格的检测设备对许可的密闭空间进行检测评价。检测顺序及项目应包括：

① 测氧含量。正常时氧含量为 18%～22%，缺氧的密闭空间应符合《缺氧危

险作业安全规程》规定，短时间作业时必须采取机械通风。

② 测爆。密闭空间空气中可燃性气体浓度应低于爆炸下限的 10%。同时还应包括对油轮船舶的拆修，以及油箱、油罐的检修。

③ 测有毒气体。有毒气体的浓度须低于工作场所有害因素职业接触限值所规定的浓度。如果高于该浓度，应采取机械通风措施。

（6）作业中应当对作业场所中的危险有害因素进行定时检测或连续监测。

（7）作业中断超过 30min，作业人员再次进入有限空间作业前，应当重新通风，检测合格后方可进入。

6. 安全防护装备

有限空间作业必须配备个人防中毒、窒息等防护装备，设置安全警示标识，严禁无防护监护措施作业。针对不同的安全因素和职业病危害因素，配备符合国家标准的个人防护用品及防护装备。安全防护装备包括：防坠落用具、呼吸防护用具、通风设备、照明设备、通信设备等。

（1）防坠落用具　防坠落用具主要包括安全带、安全绳、自锁器、缓冲器、三脚提升架等。

每个作业者均应使用胸部或全身套具，绳索应从头部往下系在后背中部靠近肩部水平的位置，或能有效证明从身体侧面也能将工作人员移出密闭空间的其他部位。在不能使用胸部或全身套具，或使用可能会造成更大危害的情况下，可使用腕套，但须确认腕套是最安全和最有效的选择。在密闭空间外使用吊救系统救援时，应将吊救系统的另一端系在机械设施或固定点上，保证救援者能及时进行救援。

三脚提升架（也称救援三脚架）采用高强度轻质合金制造，底脚设有环型保护链。绞盘上设有上升、下降自锁装置，保证吊索的安全性。三脚提升架主要有两个作用：起安全绳的作用，作业人员进入有限空间前可将锁钩系于胸前安全带处，当有限空间内发生意外事故时，监护人可以转动绞盘，迅速地将作业人救出，提高了救援速度和效率；起升降人员或重物的作用，当人员进入有限空间施救时，可将被救人通过提升架快速脱离危险区域，此外放入或清理有限空间内物体时可以利用提升架省省人力，提高工作效率。

（2）呼吸防护用具　呼吸防护用具包括防毒面具、长管呼吸器、正压式空气呼吸器、紧急逃生呼吸器等。应当只允许健康状况适宜佩戴呼吸防护用品者进入密闭空间及进行有关的工作，且根据进入密闭空间作业时间的长短、消耗、最长工作周期、估计逃生所须的时间及其他因素，选择适合的呼吸防护用具和相应的报警器具。

正压式空气呼吸器是一种自给开放式空气呼吸器，主要适用于消防、化工、船舶、石油、冶炼、厂矿、实验室等处，使消防员或抢险救护人员能够在充满浓烟、毒气、蒸汽或缺氧的恶劣环境下安全地进行灭火、抢险救灾和救护工作。正压式空气呼吸器佩戴舒适、防护效果高、有效范围较大，但使用时间受限。使用自背式呼吸器不适合进入狭小作业场所且使用成本高。

长管正压式空气呼吸器也称移动供气源，主要用于消防、石油、化工、航天、核电站、油漆业、地下工程、实验室等，供使用人员在进入有烟雾、毒气、粉尘或缺氧等特殊环境时可进行呼吸保护。该用具使用成本低，要求附近有新鲜空气或压缩气管道（使用移动式空压机或压缩器管道供气时必须使用过滤器），使用时间不受限制，但有效范围较小（一般不超过60m），特殊环境必须配合逃生性呼吸器使用，且使用中要注意对呼吸软管的保护，防止被刺穿、折弯等。长管正压式空气呼吸器适用于长时间的有限空间作业或快速救援工作，能够减轻作业人员的负担，提高安全性。

（3）其他 其他主要指配备符合要求的安全帽、防护眼镜、防滑劳保鞋、防护手套、通风设备、照明设备、通信设备、安全梯等。

7. 作业发包管理

将有限空间作业发包给其他单位实施的，要建立有限空间作业发包管理制度，严格审查承包单位的安全生产条件，进行安全交底，与承包单位签订专门的安全生产管理协议，并对作业安全承担主体责任。具体如下。

（1）企业委托承包商（或分包商）从事密闭空间工作时，应当签署委托协议。

（2）告知承包商（或分包商）工作场所包含密闭空间，要求承包商、分包商制定许可计划，并保证密闭空间达到安全标准的要求后，方可批准进入。

（3）评估承包商（或分包商）的能力，包括识别危害和密闭空间工作的经验。

（4）评估承包商（或分包商）是否具有承包商所实施保护劳动者预警程序的能力。

（5）评估承包商（或分包商）是否制订与承包商相同的作业程序。

（6）在合同书中详细说明有关密闭空间的计划、作业所产生或面临的各种危害。

（7）承包商（或分包商）除遵守企业密闭空间的要求外，应当从企业获得所有有关密闭空间危害因素的资料和进入操作程序文件，制订与企业相同的进入作业程序文件。

8. 实施应急救援措施

有限空间自身易积聚有毒有害物质，且由于其自身结构特点决定了人员进出时会受到较大限制，一旦发生事故则救援难度大。当发生有限空间中毒、窒息等事故时，同行的地面人员一般会立即展开救援工作，但往往工作的开展是在未进行事故危害源控制、未佩戴或使用个体防护用品及拯救装备的情况下进行的，这类现象在有限空间作业事故非专业性救援中普遍存在，而这种典型的盲目施救行为也是导致有限空间作业事故伤亡数字扩大的重要原因。为防止盲目施救行为的发生，应该建立应急救援体系。

（1）应急救援体系　企业应建立应急救援机制，设立或委托救援机构，制定密闭空间应急救援预案，并确保每位应急救援人员每年至少进行一次实战演练。

（2）救援机构应具备有效实施救援服务的装备，具有将作业者从特定密闭空间或已知危害的密闭空间中救出的能力。

（3）救援人员应经过专业培训，培训内容应包括基本的急救和心肺复苏术，每个救援机构至少确保有一名人员掌握基本急救和心肺复苏术技能，还要接受作为作业者所要求的培训。

（4）救援人员应具有在规定时间内，于密闭空间危害已被识别的情况下对受害者实施救援的能力。

（5）进行密闭空间救援和应急服务时，应采取以下措施。

① 告知每个救援人员所面临的危害。

② 为救援人员提供安全可靠的个人防护设施，并通过培训使其能熟练使用。

③ 无论许可作业者何时进入密闭空间，密闭空间外的救援均应使用吊救系统。

④ 应将化学物质安全数据清单（MSDS）或所需要的类似书面信息放在工作地点，如果作业者受到有毒物质的伤害，应当将这些信息告知处理暴露者的医疗机构。

有限空间作业中发生事故后，现场有关人员应当立即报警，禁止盲目施救。应急人员实施救援时，应当做好自身防护，佩戴必要的呼吸器具，携带救援器材。

（黎海红）

第三章
防护设施

作业现场防护设施可以分为安全防护设施和职业卫生防护设施。安全防护设施主要侧重于保护人体安全免受伤害，避免损害设备，比如各种检测报警装置、防爆设施、设备安全防护设施、泄压止逆设备、灭火设备、应急救援设施等；职业卫生防护设施主要侧重于保持生产车间的环境符合国家职业卫生标准的要求，避免作业人员受到职业病危害，主要包括除尘器、空气净化设备、密闭罩、通风机、隔声罩、隔振降噪设备等。

第一节　安全防护设施

安全防护设施是指企业在生产经营活动中，将危险、有害因素控制在安全范围内，以及预防、减少和消除危害所配备的装置（设备）。

按照行业可分为：煤矿安全技术设施、非煤矿安全技术设施、石油化工安全技术设施、冶金安全技术设施、建筑安全技术设施、水利水电安全技术设施、旅游安全技术设施等。

按照危险、有害因素的类别可分为：防火防爆安全技术设施、锅炉与压力容器安全技术设施、起重与机械安全技术设施、电气安全技术设施等。

按照导致事故的原因可分为：防止事故发生的安全技术设施、减少事故损失的安全技术设施等。

（一）预防事故设施

1. 检测、报警设施

该类主要包括压力、温度、液位、流量、组分等报警设施，可燃气体、有毒有害气体、氧气等检测和报警设施，以及用于安全检查和安全数据分析等检验检测设备、仪器。

2. 设备安全防护设施

该类主要包括防护罩、防护屏、负荷限制器、行程限制器，制动、限速、防雷、防潮、防晒、防冻、防腐、防渗漏等设施，以及传动设备安全锁闭设施、电器过载保护设施、静电接地设施。

3. 防爆设施

该类主要包括各种电气、仪表的防爆设施，抑制助燃物品混入（如氮封）、易燃易爆气体和粉尘形成等设施，以及阻隔防爆器材、防爆工器具。

4. 作业场所防护设施

该类主要包括作业场所的防辐射、防静电、防噪音、通风（除尘、排毒）、防护栏（网）、防滑、防灼烫等设施。

5. 安全警示标志

安全警示标志主要包括各种指示、警示作业安全和逃生避难及风向等警示标志。

（二）控制事故设施

1. 泄压和止逆设施

该类主要包括泄压的阀门、爆破片、放空管等设施，用于止逆的阀门等设施，真空系统的密封设施。

2. 紧急处理设施

该类主要包括紧急备用电源，紧急切断、分流、排放、吸收、中和、冷却等设施，通入或加入惰性气体、反应抑制剂等设施，以及紧急停车、仪表联锁等设施。

（三）减少与消除事故影响设施

1. 防止火灾蔓延设施

该类主要包括阻火器、安全水封、回火防止器、防油（火）堤，防爆墙、防爆门等隔爆设施，防火墙、防火门、蒸气幕、水幕等设施，以及防火材料涂层。

2. 灭火设施

该类主要包括水喷淋、惰性气体、蒸气、泡沫释放等灭火设施，以及消火栓、高压水枪（炮）、消防车、消防水管网、消防站等。

3. 紧急个体处置设施

该类主要包括洗眼器、喷淋器、逃生器、逃生索、应急照明等设施。

4. 应急救援设施

该类主要包括堵漏、工程抢险装备和现场受伤人员医疗抢救装备。

5. 逃生避难设施

该类主要包括逃生和避难的安全通道（梯）、安全避难所（带空气呼吸系统）、避难信号等。

6. 劳动防护用品和装备

该类主要包括头部、面部，视觉、呼吸、听觉器官、四肢、躯干的防火、防毒、防灼烫、防腐蚀、防噪声、防光射、防高处坠落、防砸击、防刺伤等，保护劳动者免受作业场所物理、化学因素伤害的劳动防护用品和装备。

（四）常见的安全防护设施

1. 防护栏杆

防护栏杆有固定式防护栏杆、活动式防护栏杆和临时隔离栏杆。

固定式防护栏杆适用于高处临边作业、施工平台、人行通道、升降口、闸门槽、工作面等危险场所。防护栏杆应与安全标志等配合使用。常见的固定式防护栏杆见图3-1。

图 3-1　固定式防护栏杆

活动式防护栏杆适用于临时的安全通道、设备防护、危险场所等区域的隔离、围护、封闭和警戒。防护栏杆应与安全标志牌、标语等配合使用。常见的活动式防护栏杆见图3-2。

图 3-2　活动式防护栏杆

临时隔离栏杆主要适用于无防护的临时孔洞、平台和边坡的临边处。临时隔离栏杆应与安全标志等配合使用。常见的临时隔离栏杆见图3-3。

图 3-3　临时隔离栏杆

2. 警示灯

警示灯适用于临边、洞（孔）口边的防护栏杆处。常见的警示灯见图 3-4。

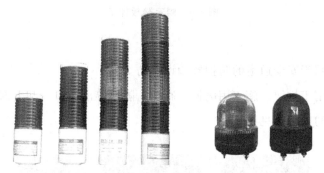

图 3-4　常见的警示灯

3. 防护梯

防护梯有可拆卸固定式钢直梯和固定踏板梯子。

可拆卸固定式钢直梯适用于坡度大于 75° 的攀爬部位，适用于随工程的进度可随时拆卸的场所。常见的可拆卸固定式钢直梯见图 3-5。

图 3-5　可拆卸固定式钢直梯

固定踏板梯子适用于坡度小于 45°的通道，保持踏步水平。常见的固定踏板梯子见图 3-6。

图 3-6　固定踏板梯子

4. 防护棚

常见的有用于安全通道的防护棚和设备防护棚。

防护棚适用于排架、施工用电梯、廊道、隧洞等出入口，和上部有施工作业的通道处。常见的防护棚见图 3-7。

图 3-7　常见的防护棚

设备防护棚适用于卷扬机、空压机、水泵等中小型机械的防护，满足防雨、防砸要求。常见的设备防护棚见图 3-8。

5. 旋转机械防护罩

旋转机械防护罩适用于机械设备旋转部位的防护。常见的旋转机械防护罩见图 3-9。

6. 安全网

常见的安全网包括安全平网和密目式安全立网。

图 3-8　设备防护棚

图 3-9　旋转机械防护罩

安全平网适用于脚手架、孔洞、交叉作业等预防高空落物的场所。常见的安全平网见图 3-10。

图 3-10　安全平网

密目式安全立网适用于大面积脚手架、排架、人行通道上方脚手架，或建筑物外立面施工脚手架、安全通道外侧的区域及场所。常见的密目式安全立网见图 3-11。

（聂传丽）

图 3-11 密目式安全立网

第二节 职业病防护设施

职业卫生防护设施指应用工程技术手段控制工作场所产生的有毒有害物质,防止发生职业危害的一切技术设施。职业卫生防护设施主要包括防尘、防毒、防噪声和振动、防暑降温、防寒防潮、防非电离辐射(高频、微波、射频)、防电离辐射、防生物危害及人机工效学等。

控制职业病危害,应优先考虑的是从源头上防止劳动者接触各类职业病危害因素,改善可能引起健康损害的作业环境(工作场所),其中工程控制是从源头防治职业病的重要手段之一。选择职业病危害防护设施时,应按照下列职业病危害防护设施等级顺序进行。

(1)直接职业病危害防护技术措施 生产设备本身应当具有职业病危害防护性能,尽可能避免出现职业病危害和职业病危害事故。

(2)间接职业病危害防护技术措施 若不能或不完全能实现直接职业病危害防护技术措施时,必须为生产设备设计出一种或多种职业病危害防护设施,最大限度地预防、控制和消除职业病危害事故的发生。

(3)警示性职业病危害防护技术措施 间接职业病危害防护技术措施无法实现时,须采用检测报警装置、警示标识等措施,提示、警告作业人员注意,以便采取相应的对策或紧急撤离危险场所。

(4)若间接、警示性职业病危害防护技术措施仍然不能避免事故、危害发生,则应采取安全卫生操作规程、安全卫生教育和培训,以及有效的个人防护措施等来预防、减弱、控制职业病危害事故或危害的程度。

一、职业卫生防护设施的分类

1. 防尘设施

该类设施主要有集尘风罩、过滤设备(滤芯)、电除尘器、湿法除尘器、洒水器等。

2. 防毒设施

该类设施主要有隔离栏杆、防护罩、集毒风罩、过滤设备、排风扇（送风、通风排毒）、燃烧净化装置、吸收和吸附净化装置、有毒气体报警器、防毒面具、防化服等。

3. 防噪声、振动设施

该类设施主要有隔音罩、隔音墙、减震器等。

4. 防暑降温、防寒、防潮设施

该类设施主要有空调、风扇、暖炉、除湿机等。

5. 防非电离辐射(高频、微波、射频)设施

该类设施主要有屏蔽网、屏蔽罩等。

6. 防生物危害设施

该类设施主要有防护网、杀虫设备等。

二、常见的职业卫生防护设施

（一）通风排毒和净化回收设施

密闭的生产设备如仍有有毒气体或粉尘逸出时；或因生产条件限制，生产设备无法完全密闭时，应采取通风排毒措施。

通风排毒的方法有局部排风、局部送风和全面通风换气三种。其中以局部排风的效果最好，最为常用。局部排风是要把有毒气体罩起来、排出去，也就是把有毒气体直接从它的发生源抽走，所以能够做到耗用风量小、排毒效果好，还便于有毒气体的净化和回收。局部送风则是把新鲜空气直接送到工人的操作地点，主要用于车间的防暑降温，很少用于防毒。全面通风换气又称稀释通风，是用大量新鲜空气将整个车间空气中的有毒气体稀释到国家卫生标准规定的接触限值。

净化回收，就是把排出去的有毒气体予以净化处理和回收利用。上述通风排毒的方法中，只有局部排风系统能将空气中的有毒物质进行净化和回收。净化回收使空气中的有毒物质变有害为有用（或无害），把排出去扩散自净的消极措施变为回收利用的积极措施。因此，对生产、防毒、保护环境都有重要意义。

净化回收的方法，因车间空气中有毒物质的存在状态的不同而不同。一类是气溶胶状态，即雾、烟、尘等以微小颗粒分散于空气中，可称为非均相分散系。气溶胶分离的方法及原理也只能基于这种微小颗粒的理化特性——非均相分散系的特性。常见的净化方法如除尘净化法。另一类是气体、蒸气状态，即

有毒气体、蒸气与空气均匀混合的状态，这种混合是分子混合水平，是均相分散物系。它们的分离或净化，只能基于不同组分所具有的不同蒸气压、溶解度、选择性吸着（吸收或吸附）作用及某些化学作用等特性，其方法有燃烧、冷凝、吸收、吸附等。

1. 外部吸气罩

外部吸气罩适用于不能密闭于生产设备。它是利用排风气流的作用，在有害物散发地点造成一定的吸入速度，将有害物吸入罩内。按照吸气气流运动方向的不同，分为上吸式、侧吸式和下吸式。其中用于各类工业槽的侧吸式外部吸气罩称为槽边排风罩。外部吸气罩适用于局部尘毒逸散量不大的作业点，如电焊岗位、制鞋行业的涂胶岗位等。常见的外部吸气罩见图 3-12。

图 3-12　常见的外部吸气罩

2. 布袋式除尘器

布袋式除尘器是利用多孔的袋装滤料从含尘气体中捕集粉尘的一种除尘设备，主要由过滤装置和清灰装置两部分组成。前者的作用是捕集粉尘，后者是以不断清除滤袋上的积尘，保持除尘器的处理能力。当含尘气体通过滤料时，主要依靠纤维的筛滤、拦截、碰撞、扩散和静电吸引五种效应，将粉尘阻留在滤料上。当滤袋表面积附的粉尘层的厚度达到一定程度时，通过清灰装置清除滤袋上的积尘，可保证滤袋持续工作所需的透气性。布袋收尘器是粉尘处理中使用最广泛的除尘设备，可应用于机械制造、黑色金属矿采选业、有色金属矿采选业、农副食品加工业、家具制造业等。常见的布袋式除尘器见图 3-13。

3. 湿式除尘器

湿式除尘器是利用水（或其他液体）与含尘气体相互碰撞，在惯性碰撞、扩散、黏附和凝集等除尘机制的共同作用下，使尘粒与气体分离的一种除尘技术。湿式除尘与干式除尘相比，特点是设备投资少、构造简单、净化效率高，能够除掉 $0.1\mu m$ 以上的尘粒。其中，最突出的优点是在除尘过程中还有降温冷却、增加湿度和净化有害有毒气体等作用，适合于高温、高湿烟气及非纤维性粉尘的处理，还

图 3-13 布袋式除尘器

可净化易燃、易爆气体。但不足是要消耗一定量的水（或液体）、粉尘的回收和泥浆的处理困难、设备受酸性或碱性气体的腐蚀、除尘过程会造成水的二次污染。湿式除尘器可用于石油、煤炭及其他燃料加工业，化学原料及化学品制造业，医药制造业，橡胶和塑料制品业等行业的除尘。常见的湿式除尘器见图 3-14。

图 3-14 湿式除尘器

4. 密闭罩

密闭罩的原理是把有害物源全部密闭在罩内，从罩外吸入空气，将罩内污染空气由上部排风孔排出，使罩内保持负压。它只需要较小的排风量就能有效地控制有害物的扩散。柜式排风罩是把有害发生源完全密闭在柜内，在柜上开有工作孔或观察孔，适用于化学实验室、小零件喷漆等。

5. 通风机

通风机根据作用原理可以分为离心式通风机和轴流式通风机。另可根据不同用途，确定通风机的类型。如输送清洁空气时，可选择一般通风换气用通风机；输送有腐蚀性的气体时，应选用防腐通风机；输送易燃、易爆气体时，应选用防爆通风机；输送含尘气体时，应选用排尘通风机。常见的通风机见图 3-15 和图 3-16。

图 3-15　柜式排风罩（通风柜）　　　　　　图 3-16　通风机

　　使用密闭的生产设备，或把敞口设备改为密闭，是防止有毒气体和粉尘外逸的有效措施，特别是化工生产中的化学反应设备，把敞口的缸、盆、罐改变为密闭的反应釜。为了配合密闭的生产设备，常将敞口的人工投料、出料改变为使用高位槽、管道和机械操作，实行管道化和机械化。对于敞口操作的机械化，特别是流水作业线，集中作业地点是实现通风排毒的必要条件。同时，为提高密闭化的效果，在生产条件允许时应尽可能使密闭设备内保持负压状态，并且加强管理，最大限度地消除"跑、冒、滴、漏"现象。常见的密闭反应罐见图 3-17。

图 3-17　常见的密闭反应罐

（二）噪声防护设施

　　利用墙板、门窗、隔声罩等把各种噪声源与接收者分隔开来，使噪声在传播途径中受到阻挡，降低接收者这一边噪声的过程，通常称为隔声。当车间内噪声源比较集中或只有个别噪声源对邻近环境有干扰时，可将噪声源封闭在一个小的隔声空间内，使之传声途径受到障碍的设备，通常称为隔声罩。常见的通风机高噪声设备隔声罩见图 3-18。

图 3-18　通风机高噪声设备隔声罩

隔声罩的优点是体积小，效果比较明显，但同时不利于运转设备的通风散热、拆装检修、噪声运行、仪表监视等。

机电设备运行中产生的振动有两种传播方式，一种是以空气为媒质，向周围传播，称之为空气声；另一种是直接激发构件振动，以弹性波的形式，在安装基础、地板、墙体中传播，称之为固体声。空气声在传播过程中，同时传播固体声。固体声衰减少、传播远。共振时，振动强度大，辐射噪声高。

如果将一台机器安装在钢筋混凝土地板上，又未曾作任何减噪措施，那么机器在运转时，不仅激发了空气噪声，同时还可以通过刚性的地板、侧墙、柱梁等构件将振动传递至很远的地方。振动信号在构件内传播，随距离的增大仅有很小的衰减。此时，在临近的房间里，即使把门窗关紧，室内噪声并无减弱，这是由于门窗仅能隔离空气声。而研究隔振的目的在于选取合理的隔振材料和隔振原件，使之消除机器与地基之间的刚性连接，以降低由机器振动传递给地基振动所激发的噪声。常见的减震基础和减震弹簧见图 3-19 和图 3-20。

图 3-19　减震基础

图 3-20　减震弹簧

（三）电磁辐射防护设施

电磁辐射以电磁波的形式在空间内向四周传播，具有波的一般特征（即波长、频率、一定的传播速度）。波长与频率呈反比，波长愈短、频率愈高，则该辐射的量子能量愈大，生物学作用愈强。

电磁辐射分为电离辐射和非电离辐射。电离辐射是指一切能引起物质电离的辐射的总称，包括 α 射线、β 射线、γ 射线、X 射线、中子射线等，如生产上测料位用的料位仪、X 射线探伤及测厚仪、测水分用的中子射线、医学上用的 X 射线诊断机、γ 射线治疗机、核医学用的放射性同位素试剂等。

非电离辐射是指能量比较低，并不能使物质原子或分子产生电离的辐射。非电离辐射包括低能量的电磁辐射，有紫外线、红外线、微波及无线电波等。它们的能量不高，只会令物质内的粒子振动、温度上升。非电离辐射的能量较电离辐射弱，不会电离物质，而会改变分子或原子之旋转，以及振动或价层电子轨态。非电离辐射对生物活组织有影响，不同的非电离辐射可产生不同的生物学作用。

对电磁辐射的防护，主要采用"屏蔽、远距离和限时操作"三原则。在不妨碍操作和符合工艺要求的基础上，屏蔽场源的效果最好。

屏蔽是消除或减少电磁辐射的最有效的方法，其目的是将电磁能限制在一定空间内。通常采用的屏蔽装置有屏蔽网、屏蔽罩或屏蔽室，屏蔽材料以薄金属板或金属网多见。根据屏蔽的原理，分为静电屏蔽、磁场屏蔽和电磁屏蔽。

屏蔽主要采用避免和减少辐射源直接辐射的方式，具体做法是在屏蔽辐射源及辐射源附近的作业点安装指示器和报警器，同时加大作业点与辐射源之间的距离，以及使用个人防护用具。

（聂传丽）

第三节　防护设施的管理

职业安全卫生设施是指为了防止伤亡事故和职业病的发生，而采取的消除职业危害因素的设备、装置、防护用具及其他防范技术设施的总称，主要包括安全设施、卫生设施、个体防护设施和生产性辅助设施。

防护设施是指配置在生产设备设施上或在厂房内保障人员安全的所有附属装置（如防护罩、冲淋装置、洗眼器、防尘装置、安全护栏等），保障设备安全的所有附属装置（如压力、流量、液面超限报警装置，以及安全阀、限位器、安全连锁装置、紧急停车装置、防爆泄压装置、防火堤、电气设备的过载保护装置、灭火装置、可燃气体自动报警装置、事故照明设施、安全疏散设施、静电和避雷防护装置等）及有毒有害气体防护器材、各类呼吸器、救生器、特种防护服等。

我国的《中华人民共和国劳动法》《中华人民共和国矿山安全法》《中华人民共和国职业病防治法》和《中华人民共和国安全生产法》等，对"三同时"制度都作了明确规定。

防护设施"三同时"，指防护设施必须与主体工程同时设计、同时施工、同时投入生产和使用，所需费用应当纳入建设项目工程预算。

防护设施管理针对职业安全卫生设施存在的主要问题，从思想意识、管理制度、人员配备、防护设施设计、防护效果性能监测与评估等方面提出以下对策。

（1）企业应通过培训、现场告知等措施提高员工和管理人员的自我防护意识，充分认识职业安全卫生设施的重要性，确保防护设施的有效开启和正常运行。

（2）企业应制定适合自身的职业安全卫生设施相关管理规定，包括设施的验收标准、运行维护管理规定、设施性能监测和评估程序等；配备具有职业危害防护知识的专业技术人员，并落实设施管理的相关职责。从管理制度和人员上保障职业危害防护设施的有效实施和运行。

（3）企业应加强职业危害防护设施的设计。应在可行性研究阶段从生产工艺、原辅材料等对职业危害防护设施进行充分考虑和设计。

（4）企业应落实职业危害防护设施防护效果的性能监测与评估，及时发现设施存在的问题，并进行维修和处理，确保其防护效果。

一、 防护设施管理的相关制度

（1）设备部门负责公司危险性设备防护设施的注册登记，负责组织危险性设备的定期检查、维护、保养工作，保障危险性设备的安全运转。

（2）安全管理人员负责对各单位危险性设备防护设施的使用情况进行安全检查，负责组织防护设施操作人员的安全培训。

（3）防护设施正式投入使用前，使用单位应编制设备使用安全操作规程，并报安全管理人员备案。各单位防护设施均应有明显的安全警示标志，生产现场应标有安全操作规程。机动部门、安全管理人员参加防护设施试运行验收工作。

（4）防护设施中属于特种设备的，在投入使用前，设备管理部门还应当核对设备安全技术规范要求的设计文件、产品质量证明文件、安装及使用说明、监督检验证明等文件是否齐全。

（5）机动部门和使用单位每年应对防护设施制定维护、保养计划，并保证按期执行。

（6）使用单位应对在用防护设施进行经常性日常维护保养，并按要求定期进行检查。

（7）在用的特种设备防护设施应实行安全技术性能定期检验制度。应按期向省、市有关部门申请定期检验，及时更换安全检验合格标志。安全检验合格标志超过有效期的防护设施不得使用。

（8）设备部门应建立防护设施技术档案，包括以下内容。

① 防护设施的设计文件、制造单位、产品质量合格证明、使用维护说明等文件，以及安装技术文件和资料。

② 防护设施的定期检验和定期自行检查的记录。

③ 防护设施的日常使用状况记录。

④ 安全附件、安全保护装置、测量调控装置及有关附属仪器仪表的日常维护保养记录。

⑤ 防护设施运行故障和事故记录。

（9）使用单位应当对防护设施作业人员进行安全教育和培训，保证作业人员具备必要的安全职业卫生作业知识。

（10）各单位防护设施作业人员在作业中应当严格执行设备的安全操作规程和有关的安全规章制度。

（11）防护设施存在严重事故隐患，无改造维修价值，或超过安全技术规范规定使用年限的，使用单位应及时办理报废注销。

二、 防护设施管理制度举例

以防尘设施为例。

1. 一般要求

（1）各类主机设备所配置的，为了满足工艺要求，以通风除尘为目的的除尘设备，在保证随主机开动率要求外，外排粉尘浓度必须低于国家标准。

（2）各类设备所配置的，为了满足岗位和生产区域环境的通风除尘设备，在保证随主机开动率和外排粉尘浓度必须低于国家标准外，岗位和生产区粉尘浓度必须符合工业卫生标准。

2. 管理要求

（1）除尘设备的运行排放状况检测由安全环保部负责。

（2）除尘设备的运行排放日常检查管理由各车间负责。

（3）除尘设备的计划检修及实施由各单位统一纳入与主机设备同等位置来进行管理和检修。

（4）除尘设备的改造、新建和立项由各部门提出设计方案，报公司审批；方案的实施及检查、验收，由各车间把关，公司安全环保部监测验收。

（5）除尘设备的选用必须结合单位主机所需解决的尘源物质特性，以及工艺要求的各项参数选型。

3. 除尘设备的使用及管理

（1）凡配置的各种类型除尘设备，必须在单位分管环保管理的专业人员处建立台账。专业台账包括设备名称、规格型号、使用单位、处理能力、运行状况和该设备排放状况的大事记录。

（2）使用除尘设备的单位必须按主机设备同样的要求建立各项规章制度并保证贯彻执行。

（3）管理责任　除尘工、电工、维修工等，以及与除尘设备运行和效果相关的从业人员，也必须在责任制中有协同除尘方面的内容。

4. 除尘岗位及相关岗位的操作规程

（1）包括除尘设备开机前的准备、检查，正常运行中的各种技术参数，正常的维护保养内容，检修时的安全检查和可能发生的人身伤害上的防护规范的方法。

（2）巡回检查制，明确检查内容及时间、记录要求、关键数据取样方法等。

5. 设备维修保养制

设备维修保养制规定设备主体随机检查的部分及技术要求、在旬检和月检的部位及要求，以及电除尘变压器油的技术参数和更换周期。

6. 交接班制

明确交接班检查内容要求及交接手续，记录要求。

7. 培训

电除尘岗位应纳入特殊岗位进行培训上岗，必须经考试取得合格证后才能独立操作。有毒有害气体的除尘岗位也应进行岗位前培训，经考试合格后方可上岗独立操作。

8. 除尘设备的检查及监督

（1）检查袋除尘　每月对布袋完好及袋口密封情况进行一次检查；对下部锁风及管道通风情况每月进行一次检查；对无论是反吹、反吸、脉冲、喷吹还是其他形式的清灰系统进行一次全面检查。

（2）重力除尘　每月利用检修对外壳漏风及下部锁风机构进行一次检查，每季对内胆磨损情况进行一次检查或评定。

（3）电除尘　每月利用旬检或月检对绝缘瓷瓶进行擦拭，只能用无油清洗剂，禁止用柴油擦拭；只能用不脱丝布，不得用棉纱或易脱丝软布；每月对振打系统检查一次，振打效率阴阳极挂灰厚度＜2mm 为一级，＜4mm 为二级，超过 5mm 为振打不合格；每月对高压控制电源系统进行一次检查，包括高压输出线路和电场的绝缘强度测试；对电场的漏风随时进行检查并及时修补，漏风系数＞20％则除尘效率为零，尤其是负压风电场；进入冬季电场还应适当提高废气温度，防止电场绝缘子结露；各项检查完毕，除进行必要的电场空载试车外，使运行电压不低于额定值的 80％，还必须开启风机进行动态试车，防止电场留存悬挂物。

（4）车间对主机外排情况每日做好记录；监测站每月对主机除尘设备外排必须监测一次，并将数据及时反馈；每季对烟气成分及相关技术参数监测一次，提供给各单位便于分析研究工况变化和将要采取的相应对策。

（5）每季度对除尘设备组织一次全面检查、考核，制定本年度或下年度环保改进意见和确定环保计划。

（聂传丽）

第四章
个人劳动防护用品

　　个人劳动防护用品是指由企业为劳动者配备的，使其在劳动过程中避免或减轻事故伤害及职业病危害的个体防护装备。个人劳动防护用品是保护职工安全与健康所采取的必不可少的辅助措施，是劳动者防止职业伤害的最后一项有效措施，必须引起企业负责人和广大职工的高度重视。在作业条件差、危害程度高或防护设施起不到防护作用的情况下（如检维修作业、野外露天作业、隐患整改过程中、生产工艺落后及设备老化等），个人劳动防护用品会成为劳动保护的主要措施。

　　个人劳动防护用品分为以下十大类。

　　① 防御物理、化学、生物危险和有害因素对头部伤害的头部防护用品。

　　② 防御缺氧空气和空气污染物进入呼吸道的呼吸防护用品。

　　③ 防御物理、化学危险和有害因素对眼面部伤害的眼面部防护用品。

　　④ 防噪声危害及防水、防寒等的耳部防护用品。

　　⑤ 防御物理、化学、生物危险和有害因素对手部伤害的手部防护用品。

　　⑥ 防御物理、化学危险和有害因素对足部伤害的足部防护用品。

　　⑦ 防御物理、化学、生物危险和有害因素对躯干伤害的躯干防护用品。

　　⑧ 防御物理、化学、生物危险和有害因素损伤皮肤或引起皮肤疾病的护肤用品。

　　⑨ 防止高处作业劳动者坠落或高处落物伤害的坠落防护用品。

　　⑩ 其他防御危险、有害因素的劳动防护用品。

一、 头部防护用品

　　头部防护用品是为了保护头部防撞击、挤压伤害或其他原因危害而装备的个人防护设施。目前安全帽主要有一般防护帽、防尘帽、防水帽、防寒帽、防静电帽、防高温帽、防电磁辐射帽、防昆虫帽等。此外还有工作帽，为防头部脏污和擦伤、长发被绞碾等普通伤害的各类帽子。现主要介绍安全帽。

　　安全帽可以在以下几种情况下保护人的头部不受伤害或降低伤害的程度：有飞来或坠落下来的物体击向头部时；当作业人员从高处坠落时；当头部有可能触电时；在低矮的部位行走或作业，头部有可能碰撞到尖锐、坚硬的物体时。

安全帽的佩戴要符合标准，使用要符合规定。如果佩戴和使用不正确，就起不到充分的防护作用。一般应注意下列事项。

（1）戴安全帽前，应将帽后调整带按自己头型调整到适合的位置，然后将帽内弹性带系牢。缓冲衬垫的松紧由带子调节。人的头顶和帽体内顶部的空间垂直距离一般在 25～50mm 之间，以不小于 32mm 为好。这样才能保证在遭受到冲击时，帽体有足够的空间可供缓冲，平时也有利于头和帽体间的通风。

（2）安全帽的下领带必须扣在领下，并系牢，松紧要适度。

（3）安全帽体顶部除了在帽体内部安装了帽衬外，有的还开了小孔通风。但在使用时不要为了透气而随便再行开孔，因为这样会使帽体的强度降低。

（4）由于安全帽在使用过程中会逐渐损坏，所以要定期检查有没有龟裂、下凹、裂痕和磨损等情况，发现异常现象要立即更换，不准再继续使用。任何受过重击、有裂痕的安全帽，不论有无损坏现象，均应报废。

（5）施工人员在现场作业中，不得将安全帽脱下、搁置一旁。

（6）由于安全帽大部分是使用高密度低压聚乙烯塑料制成，具有硬化和变蜕的性质。所以不易长时间在阳光下曝晒。

（7）新领的安全帽，首先检查是否有允许生产的证明及产品合格证，再看是否破损、薄厚不均，缓冲层、调整带和弹性带是否齐全有效。不符合规定要求的立即调换。

（8）在现场室内作业也要戴安全帽，特别是在室内带电作业时，更要认真戴好安全帽，因为安全帽不但可以防碰撞，而且还能起到绝缘作用。

（9）平时使用安全帽时应保持整洁，不能接触火源，不要任意涂刷油漆。如果丢失或损坏，应立即补发或更换。

（10）无安全帽一律不准进入施工现场。

二、 呼吸防护用品

呼吸防护用品用于防御缺氧空气和空气污染物进入呼吸道，从设计上主要分为过滤式呼吸器和隔绝式呼吸器。作业人员在使用前要仔细阅读产品说明书，并接受培训，熟悉呼吸器的结构、功能和特点。掌握呼吸器的使用和维护、气密性检查方法，以及部件的更换、清洗和储存等要求。

（一） 过滤式呼吸器

过滤式呼吸器是依靠过滤元件将空气中有毒有害物质过滤后供需呼吸的呼吸器。使用中，依靠佩戴者自主呼吸克服过滤元件阻力，属于负压呼吸器，使用时有明显的呼吸阻力。最常见的是自吸过滤式防颗粒物呼吸器和自吸过滤式防毒面具。

1. 自吸过滤式防颗粒物呼吸器

自吸过滤式防颗粒物呼吸器又称防尘口罩，用于预防和减少粉尘等颗粒物经呼吸道进入人体。防尘口罩不仅要起到防御作用，还要适应作业条件、劳动强度等方面的需要，主要包括随弃式防尘口罩和可更换式半面罩。

（1）随弃式防尘口罩　也叫作一次性防尘口罩，可分为无呼气阀和有呼气阀两种。这种口罩没有可更换的部件，任何部件损坏或失效时应整体废弃。适合短时间在粉尘环境下使用，主要为参观、检查、学习等临时进入工作场所的人员配备。见图 4-1 和图 4-2。

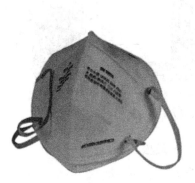
图 4-1　无呼气阀随弃式防尘口罩

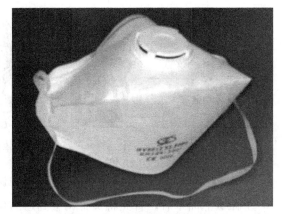
图 4-2　有呼气阀随弃式防尘口罩

随弃式防尘口罩的种类较多，但佩戴方法大致相同，具体见图 4-3。

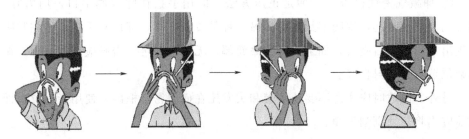
图 4-3　随弃式防尘口罩佩戴方法

① 佩戴口罩后调整头带或耳带位置。

② 按自己鼻梁的形状塑形鼻夹。

③ 佩戴气密性检查：一种是正压方法，即用双手捂住口罩边缘用力吹气，如果能感觉口罩微微隆起，说明密封良好；另一种是负压方法，即用双手捂住口罩边缘用力吸气，如口罩有塌陷感，说明密封良好。

如有密封情况不良的，可重新调整口罩佩戴位置或调节鼻夹，直至密封良好后才能进入工作场所。

（2）可更换式半面罩　此类口罩除面罩本体外，过滤元件、吸气阀、呼气阀及头带都可以更换。一般采用无味、无过敏、无刺激的高效过滤材料，可以有效地隔滤和吸附极细微的粉尘；并且带呼气阀设计，以减少热量积聚。这种防尘口罩与人体脸部的密闭性也相对较好，长时间佩戴对面部压迫感较小，是目前最常用的一种防尘口罩。

可更换式半面罩的种类较多，但佩戴方法大致相同，见图 4-4。

图 4-4　可更换式半面罩佩戴方法

① 佩戴之前应安装好过滤元件，并将头带调整至最松状态。

② 佩戴上面罩后，首先将头带调整到适当位置；

③ 调整颈部头带，用两手分别抓住面罩两侧，罩住口鼻部位，拉紧头带，使面罩与脸部严密贴合。

④ 佩戴气密性检查：一种是正压方法，即用手捂住呼气阀出口，用力呼气，如感觉面罩稍隆起，说明密封良好。另一种是负压方法，即用双手掌心堵住呼吸阀体进出气口，然后吸气，如果面罩紧贴面部、无漏气即可，否则应查找原因，调整佩戴位置直至密封良好。

另外，佩戴时应注意不要让头带和头发压在面罩密合框内。使用者在佩戴面具之前应当将胡须剃刮干净。

2. 自吸过滤式防毒面具

自吸过滤式防毒面具一般由面罩、过滤件和导气管组成。其利用面罩与人面部形成密合，使人的呼吸器官与周围的有毒有害环境隔离，依靠佩戴者呼吸克服部件阻力。通过过滤件（滤毒罐）中吸附剂的吸附、吸收和过滤作用，将外界有毒、有害气体，或蒸汽、颗粒物进行净化，以提供人体洁净空气。

自吸过滤式防毒面具按结构不同，分为导管式和直接式。导管式防毒面具的防护时间较长，一般供专业人员使用（图 4-5）；直接式防毒面具的特点是体积小、重量轻、便于携带、使用简便，是目前使用最为普遍的一种防毒面具（图 4-6）。

图 4-5　导管式防毒面具

图 4-6　直接式防毒面具

（二）隔绝式呼吸器

隔绝式呼吸器，也称供气式呼吸器。其将使用者的呼吸道与污染空气隔绝，呼吸的空气来自供气装置。隔绝式呼吸器包括长管呼吸器、氧气呼吸器和自给开路式压缩空气呼吸器。

隔绝式呼吸器在使用前，需检查气瓶的压力表指针，应在绿色区域之内，呼吸器各部件完好；按要求佩戴好呼吸器，面具完全贴合在面部，调整好头带（图 4-7）；将需供阀从腰部固定器中取出塞入面具上的机构内，听到"咔嗒"声表示需供阀连接面具到位；然后快速深呼吸去启动打开呼吸阀，反复呼吸 12 次检查空气流量，快速转动红色圆钮，打开时会感觉到空气气流有所增加。以上检查完全正常后，即可使用。

图 4-7　隔绝式呼吸器的佩戴

在使用期间应注意观察压力表，气瓶压力低于（55±5）Pa 时，报警笛开始鸣叫，人员应立即撤离危险区域。切勿使头发卡在面罩和脸部之间，以免影响密封性。使用中若发现面罩与呼吸保护装置的性能有问题，应立即撤离危险区域。

（三）呼吸防护用品的维护与保养

呼吸防护用品的维护与保养，要注意检查、清洗和储存等环节。

（1）定期检查过滤元件的有效期。在购买过滤元件时要注意是否在有效期内，使用过的过滤元件必须定期更换。

（2）呼吸面罩在每次使用前及使用后要检查本体、呼气阀、吸气阀等部位是否变形、损坏、丢失。

（3）禁止清洗各类呼吸器的过滤元件，但面罩应在每次使用后，按照说明书的要求进行清洗。清洗各部件时，严防碰撞，以免造成密封不良。

（4）呼吸器及部件应在干燥、常温的环境中储存，避免日光直射，防止部件老化、变形。

三、 眼面部防护用品

物质的颗粒和碎屑、火花和热流、耀眼的光线和烟雾都会对眼睛和面部造成伤害，因此应根据防护对象的不同选择和使用防护眼镜和面罩。现主要介绍防护眼镜。

防护眼镜又称护目镜，是一种起特殊作用的眼镜。使用的场合不同，需求的眼镜也不同。防护眼镜种类很多，有防尘眼镜、防冲击眼镜、防化学眼镜和防光辐射眼镜等多种。

（1）防冲击眼镜　防冲击的护目眼镜有三种：硬质玻璃片护目镜、胶质黏合玻璃护目镜（受冲击、击打破碎时呈龟裂状，不飞溅）、钢丝网护目镜。它们能防止金属碎片或屑、砂尘、石屑、混凝土屑等飞溅物对眼部的打击。一般在金属切削作业、混凝土凿毛作业、手提砂轮机作业等场合佩戴这种平光护目镜。

（2）防紫外线护目镜和防辐射面罩　防紫外线护目镜和防辐射面罩主要用于防紫外线和强光。焊接工作使用的防辐射面罩由不导电材料制成，其观察窗、滤光片、保护片尺寸吻合，无缝隙。护目镜的颜色是混合色，以蓝、绿、灰色的为好。

（3）防有害液体的护目镜　主要用于防止酸、碱等液体及其他危险注入体与化学药品所引起的对眼的伤害。一般镜片用普通玻璃制作，镜架用非金属耐腐蚀材料制成。

（4）防止 X 射线护目镜　在镜片的玻璃中加入一定量的金属铅制成的铅制玻璃片的护目镜，主要是为了防止 X 射线对眼部的伤害。

（5）防有毒气体护目镜　防灰尘、烟雾及各种有轻微毒性或刺激性较弱的有毒气体的防护镜，必须密封、遮边、无通风孔，与面部接触严密，镜架要耐酸、耐碱。

四、 耳部防护用品

耳部防护用品，也称听力防护用品、护听器，是指通过一定的造型，使之能封闭外耳道，达到衰减声波强度和能量的目的，以预防噪声对人体引起不良影响的防护用品。

（一）耳部防护用品种类

根据结构形式的不同，耳部防护用品大致可分为耳塞和耳罩两大类。

1. 耳塞

耳塞是指可塞入外耳道或置于外耳道入口处的听力保护用品，能较好地封闭外耳道，衰减噪声强度，适用于115dB（A）以下的噪声环境。耳塞按其对噪声的衰减性能、材质和结构形式等方面来区分，种类多种多样。目前，常用主要是成型耳塞和圆柱形泡沫塑料耳塞。

（1）成型耳塞　由耳塞帽、耳塞体和耳塞柄三部分组成。耳塞帽可做成蘑菇状、圆锥状及伞状等，见图4-8。耳塞帽由较柔软的塑料、橡胶或橡塑材料制作成多层翼片，以增加弹性和空气阻力，提高隔声效果；耳塞柄一般由硬质塑料、橡胶或橡塑材料制成，便于佩戴时塞入和取出。

（2）圆柱形泡沫塑料耳塞　此类在使用时需将其挤压缩小后，塞入耳道内，即会自行回弹而膨大，并根据耳道形状填充，封闭噪声传入通道，不仅密封性能良好，同时还能缓冲对耳道四周皮肤的压力（图4-9）。该类耳塞可塑性强、弹性大，适合大多数作业人员佩戴。其对噪声的衰减高于一般成型耳塞，特别是对中、低频的声衰效果显著。

图4-8　成型耳塞

图4-9　圆柱形泡沫塑料耳塞

2. 耳罩

耳罩是用拱形连接件连在一起，将整个耳外廓罩住，使噪声衰减的装置。耳罩对噪声的衰减量可达10~40dB（A），适用于噪声强度较高的作业环境。主要有独立使用的耳罩和配合头盔使用的耳罩，分别见图4-10和图4-11。耳罩降噪效果明显，但由于体积大以及可能会与安全帽、呼吸器、防护镜等防护用品有冲突诸多原因，应用还不太普及。

（二）听力防护用品使用注意事项

（1）高温作业环境中，从舒适度考虑，应优先选用耳塞。

图4-10　独立耳罩

图4-11　配合头盔使用的耳罩

（2）佩戴耳塞前，应保持手部清洁，以防造成外耳道感染。

（3）佩戴时，先将耳廓向上提拉，使外耳道呈平直状态，然后手持耳塞柄将其轻轻推入外耳道内部。

（4）如果感觉隔声状况不好，可将耳塞缓慢转动，调试到最佳效果。

（5）由于耳塞在外耳道中形成密闭状态，因此在取出耳塞时，切勿快速拔出，避免造成鼓膜损伤。

（6）强噪声环境中，当单一护听器不能提供足够的声衰减时，亦可同时佩戴耳塞和耳罩。使用耳罩前应先检查外壳有无裂纹、破损等情况，尽量使耳罩软垫圈与皮肤结合部位紧密。

五、 手部防护用品

一切作业行为大部分都是由双手操作完成的。这就决定了手经常处在危险之中。手的安全防护主要靠手套。使用防护手套时，必须对工件、设备及作业情况分析之后，选择适当材料制作的、操作方便的手套，方能起到保护作用。但是对于需要精细调节的作业，戴防护手套就不便于操作，尤其对于使用钻床、铣床和传送机旁及具有夹挤危险的部位操作人员，若使用手套，则有被机械缠住或夹住的危险。所以从事这些作业的人员，严格禁止使用防护手套。

常用的防护手套有下列几种。

1. 劳动保护手套

劳动保护手套具有保护手和手臂的功能，作业人员工作时一般都使用这类手套。

2. 带电作业用绝缘手套

要根据电压选择适当的手套，检查表面有无裂痕、发黏、发脆等缺陷，如有异常禁止使用。

3. 耐酸碱手套

该种是主要用于接触酸和碱时佩戴的手套，包括橡胶耐酸碱手套、乳胶耐酸碱手套和塑料耐酸碱手套，比较常用的是橡胶耐酸碱手套。

耐酸碱手套应具有耐磨性、抗切割性、抗撕裂性和抗刺穿性，并经耐渗透试验后，无渗透、龟裂、溶解，无明显膨胀、收缩和硬化现象。使用注意事项：定期更换防护手套，不得超过使用期限；使用前必须认真检查有无破损、磨蚀，如有则严禁使用；不得将一副手套在不同作业环境中使用，会大大降低手套的使用寿命；穿戴手套时注意采取正确方法，防止损坏。

4. 橡胶耐油手套

该种是主要用于接触矿物油、植物油及脂肪族的各种溶剂作业时戴的手套。

5. 焊工手套

焊工手套是电、火焊工作业时戴的防护手套，应检查皮革或帆布表面有无僵硬、薄档、洞眼等残缺现象，如有缺陷，不准使用。手套要有足够的长度，手腕部不能裸露在外边。

6. 防振手套

防振手套是对振动具有衰减功能的防护手套，用于防止局部受振，减弱振动向手臂的传递，适用于使用风镐、冲击钻、打磨机等产生局部振动工具的作业人员。防振手套的基本构造是在手掌、手指部位添加一定厚度的泡沫塑料、乳胶及空气夹层等，以有效吸收振动，见图 4-12。

值得注意的一点，手套衬垫越厚，减振效果越好，但是对工具的操作有一定影响。因此，在选择防振手套时，要在减振效果和操作性之间适当折中。选用防振手套要尺寸适当，太紧、太松都会影响减振效果，且不利于操作工具。作业前应对手套进行检查，出现破损、磨蚀情况时，应立即更换。

(a)   (b)

图 4-12　防振手套

7. 耐高温手套

耐高温手套由内包阻燃布的特制铝箔布、石棉布、阻燃帆布、耐火隔热毡等材料制成，见图 4-13、图 4-14。如果温度在 100℃ 以下，皮手套和棉手套都可以反复使用；如果温度在 200℃ 左右，使用耐热材料制成的手套会安全很多。

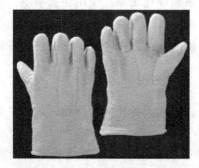

图 4-13　石棉布耐高温手套

图 4-14　铝箔布耐高温手套

六、足部防护用品

防护鞋的种类比较多，如皮安全鞋、防静电胶底鞋、胶面防砸安全鞋、绝缘皮鞋、低压绝缘胶鞋、耐酸碱皮鞋、耐酸碱胶靴、耐酸碱塑料模压靴、耐高温防护鞋、防刺穿鞋、焊接防护鞋等，应根据作业场所和内容的不同选择使用。常用的有绝缘靴（鞋）、焊接防护鞋、耐酸碱橡胶靴及皮安全鞋等。

对绝缘鞋的要求有：必须在规定的电压范围内使用；绝缘鞋（靴）胶料部分无破损，且每半年做一次预防性试验；在浸水、油、酸、碱等条件时，不得作为辅助安全用具使用。

图 4-15　耐高温防护鞋

防高温鞋主要包括耐热防护鞋、耐高温防护鞋和焊接防护鞋。其中使用比较普遍的是耐高温防护鞋，见图 4-15。耐高温防护鞋在鞋内底与外底之间装有隔热中底，以保护高温作业人员足部在遇到热辐射、飞溅的高温物料，或在高温物体表面（不超过 300℃）上短时间作业时免受烫伤、灼伤。焊接防护鞋主要为从事电气焊的作业人员配备，防止焊接过程中的火焰、熔渣对足部造成灼烫。

高温防护用品在每次使用前应检查有无破损、离层、脱落和开线等现象，确保其完好、有效。要根据说明书中的要求，定期检查、维护，及时进行清洗，

耐酸碱鞋可以防止酸、碱溶液直接侵袭足部，避免腐蚀、灼烫足部。使用注意事项：定期更换防护鞋，不得超过使用期限；使用前必须认真检查有无破损，如有破损，严禁使用；穿着过程中避免接触高温和锐器，以免损伤鞋面和鞋底引起渗漏；使用后及时洗涤晾干，避免阳光直射。

七、 躯干防护用品

躯干防护用品主要为防护服。防护服分特殊作业防护服和一般作业防护服，应能有效地保护作业人员，并不给工作场所、操作对象产生不良影响。防护服有以下几类：全身防护型工作服、防毒工作服、防酸碱工作服、耐火工作服、隔热工作服、通气冷却工作服、通水冷却工作服、防射线工作服、劳动防护雨衣、普通工作服。现主要介绍防酸碱工作服和隔热工作服。

1. 防酸碱工作服

防酸碱工作服主体胶布采用经阻燃增黏处理的锦丝绸布，双面涂覆阻燃防化面胶制成，是在有危险性化学物品或腐蚀性物品的现场作业时，为保护自身免遭化学危险品或腐蚀性物质的侵害而穿着的防护服。

使用注意事项如下。

（1）使用前必须认真检查服装有无破损，如有破损，严禁使用。

（2）使用防酸碱服时，必须注意头罩与面具的面罩要紧密配合，颈扣带、胸部扣带必须扣紧，以保证颈部、胸部气密；腰带必须收紧，以减少运动时的"风箱效应"。

（3）每次使用后，根据脏污情况用肥皂水或 0.5%～1% 的碳酸钠水溶液洗涤，然后用清水冲洗，放在阴凉通风处，晾干后包装。

（4）防酸碱服在保存期间严禁受热及阳光照射，不许接触活性化学物质及各种油类。

2. 隔热工作服

隔热工作服主要包括白帆布防热服、石棉防热服和铝膜布防热服。

（1）白帆布防热服　用天然植物纤维织成的棉帆布、麻帆布制作，具有隔热、易弹落、耐磨、扯断强度大和透气性好等特点，用于工作场所中一般性热辐射的防护。

（2）石棉防热服　用少量含棉纤维的石棉布制成，对热辐射有很强的遮挡效果。但由于石棉对人体有害，在使用时很难避免吸入人体，现在已经较少使用这种防热服。

（3）铝膜布防热服　这种是在阻燃纯棉织物上，采用抗氧化铝箔黏结复合法、表面喷涂铝粉法或薄膜真空镀铝的铝膜复合法等技术，以增加织物表面反射辐射热能力的防热服，见图 4-16。这种防热服对热反射效率高、内有隔热里衬，接近 300℃高温时可达 1h；500℃高温时可达 30min；在温度 800℃时，距离热源 1.75m 可达 2min，并可瞬间接近 1000℃高温。

(a)   (b)

图 4-16　铝膜布防热服

八、 坠落防护用品

高处作业中发生高处坠落、物体打击事故的比例最大。许多事故案例都说明，由于正确佩戴了安全帽、安全带或按规定架设了安全网，避免了伤亡事故的发生。现主要介绍安全带。

安全带的使用和维护有以下几点要求。

（1）高处作业必须按规定要求系好安全带。

（2）安全带使用前应检查各部位是否完好无损，如绳带有无变质、卡环是否有裂纹、卡簧弹跳性是否良好。

（3）高处作业如安全带无固定挂处，应采用适当强度的钢丝绳或采取其他方法。禁止把安全带挂在移动或带尖锐棱角或不牢固的物体上。

（4）高挂低用　这是一种比较安全合理的系挂方法。它可以使有坠落发生时的实际冲击距离减小。与之相反的是低挂高用。

（5）安全带要拴挂在牢固的构件或物体上，防止摆动或碰撞；绳子不能打结使用，钩子要挂在连接环上。

（6）安全带绳保护套要保持完好，以防绳被磨损。若发现保护套损坏或脱落，必须加上新套后再使用。

（7）安全带严禁擅自接长使用。如果使用 3m 及以上的长绳，必须要加缓冲器，各部件不得任意拆除。

（8）安全带在使用后，要注意维护和保管。要经常检查安全带缝制部分和挂钩部分，必须详细检查捻线是否发生裂断和残损等。

（9）安全带不使用时要妥善保管，不可接触高温、明火、强酸、强碱或尖锐物体，不要存放在潮湿的仓库中保管。

（10）安全带在使用两年后应抽验一次，频繁使用应经常进行外观检查，发现异常必须立即更换。定期或抽样试验用过的安全带，不准再继续使用。

九、 护肤用品

护肤用品用于裸露皮肤保护，这类产品主要有护肤膏和洗涤剂。护肤膏用于劳动的全过程，洗涤剂在皮肤受污染后使用。毒害作业环境中，如刺激不甚强烈，涂抹皮肤保护剂可起一定隔离防护作用。

1. 对皮肤防护剂的要求

（1）便于均匀涂抹，有一定附着力，不含对皮肤有毒害、刺激的成分。

（2）用法简便，抹后无不舒适感或异味。

（3）容易洗掉。

2. 常用的皮肤防护剂

（1）亲水性防护膏　对矿物油、有机酸、油漆、染料等有防护作用。

（2）疏水性防护剂　防低浓度弱酸碱、有机酸及盐类的水溶液溅滴的损害。

（3）光防护剂　防沥青等光敏物质，用于在焦油、沥青、电焊及雪中作业等。

（4）滋润性防护膏　适用于长时间接触水分、碱性液体或有机溶剂后的皮肤脱脂。

3. 注意事项

（1）无出厂年月、无卫生部门合格证明的护肤用品，不能使用。

（2）成分不详、性能与用途及使用方法不清楚的护肤用品，不能使用。

（3）变质、有刺激性的护肤用品，不能使用。

（陈晓光、黄华文、黎海红）

第五章
部分行业实例简介

第一节　化工行业

一、行业特点

化工行业是指从事化学工业开发和生产的企业和单位的总称。化工行业渗透于各个方面，在国民经济中占有重要地位。广义的化工行业包含化工、炼油、冶金、能源、轻工、医药、环保和军工等部门从事工程设计、技术开发、生产技术管理和科学研究等多个细分行业。一般情况将化工行业分为三大类：石油化工、化学化纤和基础化工。

石油化工是石油化学工业的简称，指以石油和天然气为原料，生产石油产品和石油化工产品的加工工业，在国民经济中占有举足轻重的地位，可以说是国民经济发展的顶梁柱。它为农业、能源、交通、机械、电子、轻工、建筑等工农业和人民日常生活提供配套和服务，是能源的主要供应者，各工业部门都离不开石油化工产品。

化学化纤是以天然高分子化合物或人工合成的高分子化合物为原料，经过制备纺丝原液、纺丝和后处理等工序制得的具有纺织性能的纤维。相比较于石油化工、基础化工两个分类，化学化纤的地位略低，但在人们生活中也是必不可少的一部分，如颜料、服装等都包括在内。

生活中常常接触到的是基础化工，如农业化肥、有机品、日用品、塑料制品等都属于基础化工。基础化工分为九小类：化肥、有机品、无机品、氯碱、精细与专用化学品、农药、日用化学品、塑料制品和橡胶制品。这些都是与人们生活息息相关的东西。

在化工行业中，一般都是利用化工原料，在高温、高压、催化剂等条件下，经过化学反应制成化工产品。所使用的设备主要为高温、高压的反应釜，以及搅拌机、压力管道、反应槽等。所使用的原材料大多数具有易燃、易爆、有毒、腐蚀等特性，易发生火灾、爆炸、中毒、烫伤、腐蚀等事故。通常还会使用到一类被称为危险化学品的物质。危险化学品是指具有毒害、腐蚀、爆炸、燃烧、助燃等性质，是对人体、设施、环境具有危害的剧毒化学品和其他化学品。《危险化学品名录（2015版）》列有2828种（类）的危险化学品。

化工产品的生产过程，一般具有工艺流程长、过程复杂、整个生产过程经常必须在密闭的设备或管道进行、不允许有泄漏等特点。同时，原料、半成品、副产品、产品及废弃物等都具有危险特性，还常常伴随着高温、高压，或低温、低压、易燃、易爆及腐蚀性等。2017年，全国共发生化工事故219起、死亡226人；2018年，全国共发生化工事故176起，死亡223人。化工行业是一个危险性较大的行业。

二、 危险源与职业病危害因素

（一） 主要危险源

危险源是指可能导致人员伤害或疾病、物质财产损失、工作环境破坏或这些情况组合的根源或状态因素。由于化工生产行业的特殊性，其生产中的危险源存在于从原料卸载、原料输送、生产过程、产品装卸等全过程。危险源的调查要从生产设备情况、作业环境情况、操作情况、事故情况、安全防护等全方面进行。

化工行业的危险源辨识，一般按《企业职工伤亡事故分类》（GB 6441—86）中的20类事故，从生产厂址、总平面布置、道路及运输、建（构）筑物、工艺过程、生产设备与装置、作业环境等全方面加以辨识。对于存在危险化学品的场所，还应根据《危险化学品重大危险源辨识》确认重大危险源，并进行分级。

化工生产行业主要的危险源包括：火灾和爆炸、中毒和窒息、灼烫、起重伤害、高处坠落、机械伤害、物体打击等，还要特别考虑在检修或其他异常情况下出现的有毒有害物料、气体的泄漏而导致的危害。

下面以某涂料厂生产为例，阐述化工行业主要危险源的辨识。该涂料厂使用的原料主要有：甲苯、二甲苯、乙酸乙酯、乙酸丁酯、亚克力树脂（含有甲苯、二甲苯等）、颜料填料（铁红、钛白粉、超细滑石粉、碳酸钙等）。工艺过程包括烘箱加热、拌和、研磨、加料搅拌、过滤包装等；加料及出料所产生的逸出气体由集气罩收集至活性炭吸附塔处理。生产过程中用到的热源来自锅炉，锅炉的燃料为天然气。

1. 火灾和爆炸

当存在易燃（或易爆）物质，且该物质达到一定的浓度并存在点火源时，将可能产生火灾或爆炸。化工行业中存在大量的易燃易爆物质，如汽油、天然气等，它们极容易燃烧，且爆炸下限很低，很容易引起燃烧和爆炸，有时候甚至很小的静电都会产生灾难性的火灾爆炸事故。化工行业的火灾或爆炸危害因素，可以说是无处不在，特别是石油化工行业，以石油和天然气为原料，大量使用烷烃类物质，生产的条件还会有高温高压，大量使用塔类设备，全过程都存在火灾爆炸的危险因素。广泛应用于民用行业的产品如汽油、天然气等的存储、输送、使用过程也都存在火灾爆炸的危险。上述涂料生产中使用到的原料以及生产的产品（含有有机物溶剂），大部分为易燃热体，如甲苯、二甲苯、醋酸乙酯、醋酸丁酯，以及锅炉使用的天然气，具有闪电低、爆炸下限小的特点，使用的液体物质的挥发性强，天然气、挥发的有机蒸汽与空气能形成爆炸性气体混合物，一旦泄漏，遇到明火可能引起火灾甚至爆炸。所以该涂料厂存在火灾爆炸可能来自易燃液体的泄漏、可燃气体的泄漏。此外，由于使用到锅炉，还存在锅炉爆炸的可能等。

2. 中毒和窒息

化工行业中涉及到的有毒物质，一旦发生泄漏，工作场所的有害物质聚集，浓度超过国家标准值，或者进入受限空间如反应塔、反应釜等作业条件没有达到安全的要求，都有可能导致中毒和窒息事故。中毒和窒息危害也是广泛存在于化工行业中，其中以生产过程中产生的硫化氢、二氧化硫、硫醇、一氧化碳、苯系物、甲醇、丙酮、其他低分子量的有机溶剂更为广泛，危害更大。

上述涂料厂生产中的甲苯、二甲苯、亚克力树脂、醋酸乙酯、醋酸丁酯等都是有毒物质，如果大量泄漏，操作人员吸入高浓度的有毒气体会发生急性中毒，严重时会发生死亡；长时间接触低浓度有毒气体会发生慢性中毒。

3. 灼烫

腐蚀性化学液体或者气体对眼部、皮肤会产生灼烫；高温的塔、反应釜、蒸汽管道、锅炉等会导致高温灼烫。化工行业中，对皮肤产生灼伤的主要是酸碱等腐蚀性物质，如基础化工中的硫酸、盐酸、氢氧化钠等生产，农药、肥料、氯碱、日用化学品等生产也都会经常接触到腐蚀性的液体化学物质，这些都可能会对皮肤或眼睛产生灼烫伤害。化工行业，几乎每一个类别生产都会接触到高温，以石油化工行业为最广泛，它们几乎都是需要高温、长时间、蒸馏的反应条件。

上述涂料生产厂，锅炉岗位、涉及需要用到蒸汽的反应岗位，需要防范高温的危害。

此外，化工行业中，还需要防范本身会产生大量热量的放热反应的高温危害，如浓硫酸稀释、固体氢氧化钠溶解成水溶液等。

4. 起重伤害

化工行业中经常会用到各种起重机如桥式起重机、龙门起重机等进行货物的转移。起重作业时，可能会导致脱钩砸人、钢丝绳断裂抽人、移动吊物撞人、钢丝绳刮人、滑车碰人等伤害事故的发生。

5. 高处坠落

凡在坠落高度基准面 2m 以上（含 2m）有可能坠落的高处进行的作业，均称为高处作业。在高处作业时，如果防护不好或者作业不当，有可能发生人或物的坠落，导致高处坠落事故。高处坠落主要存在于化工行业生产中安全通道的孔洞、钢平台、钢直梯、钢斜梯、横跨过桥、防护栏杆等处。

上述涂料厂的搅拌槽、吸附塔较高，在高处不小心滑倒时有可能会发生高处坠落。

6. 机械伤害

机械伤害主要是指机械设备的运动部件直接与人体接触所造成的伤害。化工行业的生产装置中的各类转动设备如泵、离心设备、电机等，转动部分缺少护栏、防护罩等，在操作过程中都存在机械伤害的可能。

上述涂料厂使用到泵、搅拌槽、压缩机等，这些地方都存在机械伤害的危险。

7. 物体打击

人工搬运、高处坠落物等失控的物体在惯性力或重力等其他外力的作用下，打击人体造成的伤害，都称之为物体打击事故。

上述涂料厂生产过程中的部分原料和产品都需要人工搬运和装卸，比较重的物体在人工搬运和装卸时，如发生撞击可能会对人身造成伤害。

（二）主要职业病危害因素

在化工生产中，许多化工产品的原料、中间体与产品都是有毒物质，加之生产过程中需要用到的辅助物料、生产过程中产生的副产物等，均可能是有毒物质，且生产条件经常在高温、高压下连续生产，因此作业人员在化工生产中大多会接触到毒物；同时许多作业都会接触到粉尘；噪声、高温等物理因素也对工人的影响很大。化学工业中的几种主要职业病危害因素如下。

1. 有毒气体

化工行业生产过程中经常用到或产生大量的有毒物质。例如，化肥生产过程中可能出现的氨、一氧化碳、硫化氢、氮氧化物、氟化氢、磷化氢等；纯碱工业生产中可产生的二氧化硫、三氧化硫等；化学农药生产过程中，原料、中间体及成品存在的三氯化磷、三氯乙醛、氯等；染料生产的原料苯等；石油化工生产苯系物、芳烃类等。有的甚至为致癌物。

2. 粉尘

在化工生产中，许多作业都会接触到粉尘。以上述涂料生产为例，涂料生产中用到的颜料填料铁红、钛白粉、超细滑石粉、碳酸钙均为粉状物质，在拌和过程中会产生粉尘危害。此外，树脂、染料生产过程中的干燥、包装、储运工序；橡胶制片生产过程中的粉碎、拌和，以及炭黑、滑石粉的使用过程；化肥生产过程中的投料、输送、筛分、造粒、包装；农药粉剂产品的投料、造粒、包装等；石油化工生产过程中的固体催化剂更换等都会接触到粉尘，产生粉尘的危害。

3. 噪声

化工行业生产中的噪声影响也是很大的，如橡胶工业的密炼机、炼胶机，染料工业的冷冻机，化肥工业的造气炉、混合设备、造粒机，农药生产中的灌装机、过滤机，石油化工行业中的蒸馏设备，以及各类泵、空压机、锅炉、发电机等都能产生比较大的噪声。上述涂料生产中的噪声源主要为锅炉、空压机、分散机、研磨机、过滤机、包装机等。

4. 高温

化工行业的生产特别是石化产品，需要高温、长时间反应，如石油化工行业的蒸馏、催化裂化，橡胶制品生产过程中的密炼工序，各类生产过程中的加热设备、烘干设备，以及各类蒸汽管道等，都存在高温危害。上述涂料生产中的主要高温危害在锅炉操作岗位。

此外，一些化工装置于露天布置，在夏天会受到环境高温的影响。

三、 常见的安全生产事故与职业病

（一）常见的安全事故

由于化工行业生产的工艺过程相当复杂，工艺条件要求十分严格，介质具有易燃、易爆、有毒、腐蚀等危险特性，生产装置趋向大型化，且过程连续等，生产过程存在着许多潜在危险因素，发生安全事故时，经济损失和人员伤亡比较大，所以对社会影响也会比较大。

化工行业中最常见的事故为火灾爆炸、中毒窒息、机械伤害。灼烫事故和其他类型事故（如触电、坍塌、坠落、物体打击、车辆伤害、起重伤害等）发生次数相对较少。下面结合典型案例来说明化工行业中的常见事故及其原因分析。

1. 火灾爆炸

化工行业中引起火灾爆炸的原因很多，常见的有工程设计不合理，如机器设备、电器未选用防爆型，或需要进行防腐设计的没有做防腐处理，设备运行一段时间后，受到腐蚀发生泄漏导致火灾爆炸；工艺过程设计不合理，不同性质物料相互混合而发生火灾爆炸；总图布置不合理，防火间距考虑不周或未根据气象条件布置设备装置，相互间受到影响而导致火灾爆炸；违规操作，如开错阀门或没有及时关闭阀门而导致火灾爆炸；设备、管道、阀门等年久失修，易燃易爆物质泄漏而导致火灾爆炸；雷击、静电导致的火灾爆炸事故等。

2008年8月26日发生在广西河池的一处有机厂的爆炸事故，是近年来典型的火灾爆炸事故。该事故导致20人死亡、60人受伤，11500多名群众疏散，直接经济损失7500多万元。

导致事故的直接原因是有机厂车间内储存合成工段乙酸和乙炔合成反应液的系列储罐液位整体出现下降，导致罐内形成负压并吸入空气，与罐内气相物质形成以乙炔为主的爆炸性气体；并从液位计钢丝绳孔溢出，被静电火花引爆，造成该系列储罐的反应液泄漏，蒸发成大量可燃爆蒸气云随风扩散，遇火源引发空间化学爆炸。间接原因包括设计、管理等多方面：多罐并联使用，扩大了泄漏量；罐场设计不合理，平面布置不符合现行标准规范的要求；没有配备可燃气体报警器；储罐布置成三排；设备安全管理混乱，未按计划进行维修；工艺管理制度不健全；隐患排查治理工作不认真、不彻底等。

2. 中毒窒息

中毒窒息事故分为中毒事故和窒息事故。中毒事故是指操作人员在有毒气体浓度较高的作业场所内操作，不断吸入有毒气体而发生的事故；窒息事故是指作业人员在空气中含氧浓度较低的场所内作业，由于氧气不足而导致的事故。

发生中毒窒息事故的原因主要有：管道阀门等检修不及时，发生有毒有害物质泄漏；发生火灾爆炸事故时，伴随着有毒有害物质的泄漏或产生新的有毒有害物质；进入受限空间内作业，没有对作业环境的氧含量、可燃气体含量、有毒气体含量进行分析；在有毒场所作业时，没有佩戴防护用具，也没有人员监护；对惰性气体（如氮气等）分析认识不足，导致单纯的气体窒息性危害等。

2013 年 6 月 3 日，位于吉林省的某禽业有限公司主厂房发生特别重大火灾爆炸事故，共造成 121 人死亡、76 人受伤，17234 平方米的主厂房及主厂房内的生产设备被损毁，直接经济损失达 1.82 亿元。造成事故的直接原因为电气线路短路，引燃周围的可燃物，当火势蔓延到氨设备和氨管道区域时，燃烧产生的高温导致氨设备和氨管道发生物理爆炸，大量氨气泄漏，介入了燃烧。事故伤亡比较大的主要原因：火势从起火部位迅速蔓延，聚氨酯泡沫塑料、聚苯乙烯泡沫塑料等材料大面积燃烧，产生高温有毒烟气，同时伴有泄漏的氨气等毒害物质，加上逃生通道不畅，没有报警设施，部分人员知晓事故比较晚，致使中毒窒息而死亡。

3. 机械伤害

机械伤害主要指机械设备运动（静止）部件、工具、加工件直接与人体接触引起的夹击、碰撞、剪切、卷入、绞、碾、割、刺等形式的伤害。各类转动机械的外露传动部分（如齿轮、轴、履带等）和往复运动部分都有可能对人体造成机械伤害。机械伤害事故多发生在生产加工、机械操作等方面，主要来自设备的运动部分，比如传动机构和刀具、运动的工件和切屑。如果设备有缺陷、防护装置失效或操作不当，则随时可能造成人身伤亡事故。

出现机械伤害的主要原因有三：一是人为的不安全因素、二是机械设备本身的缺陷、三是操作环境不良。人为的不安全因素包括：操作人员操作机器失误、违反操作规程、穿着不规范、误入危险区等。机械设备本身的缺陷包括：机械设计不合理、强度计算误差、机械设备的选材不当，或没有安全防护设施、保险装置及信号装置，以及安装上存在问题等，导致机械设备本身存在缺陷或不灵，此外还包括机械设备的检修、维修保养不及时或检修质量差等。操作环境不良包括：操作人员在照明不好、通风不良、排尘排毒欠佳的环境下工作，从而可能出现误操作的行为。

（二）常见的职业病

化工行业常见的职业病主要有职业中毒、职业性皮肤病、尘肺病、噪声性耳聋等。

1. 职业中毒

化工生产中有很多物质都有毒，工人在操作过程中若防护不好，则会引起中毒。而接触毒物不同，中毒的临床表现也不同。毒物进入体内，会对呼吸系统、循环系统、造血系统、消化系统、神经系统造成不同的影响。

常见职业性中毒有刺激性气体中毒，会使人胸闷、缺氧、头晕、咽部水肿，甚至出现肺水肿，严重威胁人的生命，常见的有氯气中毒、氨中毒等；窒息性气体中毒，会使人感到恶心、干呕、刺痛、呼吸困难，甚至意识模糊乃至昏迷，严重时心跳停止造成死亡，常见的有硫化氢中毒、一氧化碳中毒、沼气中毒；金属中毒也很常见，一般为慢性中毒，如汞、铅、锰离子中毒。慢性汞中毒主要表现为脑中毒、肾坏死、血液和心肌疾病；铅中毒主要表现为对肝、肾、脑等器官不同程度的损害；锰中毒表现在步态不稳、情绪不定、哭笑无常、行动困难，严重时会出现不断摇头或点头动作。

上述禽业公司事故就是因为发生氨泄漏，同时燃烧又导致产生大量的有毒物质，现场人员因中毒和窒息而死亡。

2. 职业性皮肤病

职业性皮肤病是指劳动者在职业活动中接触化学、物理、生物等生产性因素而引起的皮肤及附属疾病。其临床表现有很多种，如红斑、水肿、水疱甚至糜烂，还有剧烈瘙痒、皮肤流脓、溃疡、皮肤干裂、色素沉着积累即职业性黑变病，而色素减退会发生白斑即职业性白斑病。

化工行业中的职业性皮肤病大多为接触化学因素引起，如常见的无机酸（硫酸、盐酸、氢氟酸等）、无机碱（氢氧化钠、氢氧化钾等）、某些盐类（锑盐、砷盐、重铬酸盐等）、有机酸（乙酸、甲酸等）、有机碱（乙二胺、丙胺等）、有机溶剂（松节油、二硫化碳、石油等）都会引起职业性接触皮炎；煤焦油、石油分馏产品中的苯及其衍生物，能引起职业性的痤疮；煤焦油、石油及其分馏产品、橡胶添加剂及橡胶制品、某些颜料、染料及其中间体等引起职业性黑变病。

3. 尘肺病

人长期吸入一定量的粉尘后，就会得尘肺病。尘肺包括矽肺（又称硅沉着病）、碳酸盐肺、金属尘肺、煤矿工人尘肺（又称肺尘埃沉着病）。矽肺是最常见、影响最广、危害最大的。矽肺症状主要是呼吸系统不适，如胸痛、咳嗽、气急、食欲不振、失眠等；严重时有明显的肺气肿和缺氧表现，如口唇青紫、桶状胸等；并且常会发生并发症，如肺结核、肺源性心脏病、肺部感染等。矽肺合并肺结核时，病情会难以控制，有可能造成死亡。

化工行业中有些粉尘是有毒粉尘，可引起中毒；有些粉尘（如石英、炭黑等）可引起肺的纤维组织增生，从而发生尘肺。

4. 噪声性耳聋

工作场所中长时间的噪声会使耳朵的敏感度下降，由听觉适应到产生听觉疲劳，最终导致职业性耳聋——噪声性耳聋。耳聋通常分为轻度聋、中度聋、重度聋，表现为听力不同程度的下降，最终会完全听不见。主要临床表现是耳鸣、头痛、头晕，有时伴有失眠、头胀，逐渐出现眩晕、恶心、干呕等症状。

噪声还能对人体其他系统和器官产生危害，引起神经衰弱，如记忆力减退、注意力不集中，也可使心律不齐、血管痉挛等。同时在噪声大的生产环境中作业，易发生生产性事故，造成人员伤亡。

四、 化工行业常见的安全设施

安全设施是指企业在生产经营活动中为将危险有害因素控制在安全范围内，以及预防、减少、消除危害所配备的装置（设备）和采取的措施。安全设施一般分为三类：预防事故设施、控制事故设施、减少与消除事故影响设施。

（一） 预防事故设施

1. 检测、 报警设施

（1）压力、温度、液位、流量、组分等报警设施　如各种液位报警计（高液位报警器、低液位报警器）、组分分析器等。

（2）可燃气体、有毒有害气体等检测和报警设施　如可燃气体检测仪（如氢气、甲烷、乙炔、丁烷、磷化氢报警器等）、有毒有害气体检测仪（如硫化氢、一氧化碳等报警器）、各种报警仪等。

（3）用于安全检查和安全数据分析等检验、检测和报警设施　如风速仪、噪声仪、氧气检测器等。

2. 设备安全防护设施

（1）电机的防护罩、用电设施的防护屏、起重设备的负荷限制器、行程限制器、制动、限速、防雷、防潮、防晒、防冻、防腐（防酸碱地面）、防渗漏（围堰等）等设施；

（2）传动设备安全闭锁设施。

（3）电气过载保护设施。

（4）静电接地设施　如防静电接地线。

3. 防爆设施

（1）各种电气、仪表的防爆设施，如防爆电机、防爆开关、防爆灯具等。

（2）抑制阻燃物品混入（如氮封）、易燃易爆气体和粉尘形成等设施。

（3）阻隔防爆器材、防爆工器具。

4. 作业场所防护设施

作业场所的防辐射、防触电、防静电、防噪音、通风（除尘、排毒）、防护栏（网）、防滑、防灼烫等设施。

5. 安全警示标志

（1）各种指示、警示作业安全，和逃生避难及风向等的警示标志、警示牌、警示说明　根据设备和储罐的安全危险级别，分别标识出简单的安全警示语、安全标签。比如高温危险、必须戴防毒面具、必须戴安全帽、一些物质的毒性数据、是否容易挥发、应急处理办法等。标识大小根据国家相关规定，如《安全标志及其使用导则》予以制定。

（2）厂内道路交通标志　如限速标志、限高标志。

（二）控制事故设施

1. 泄压和止逆设施

（1）用于泄压的阀门、爆破片、放空管等设施　如压力容器、锅炉上的安全阀、管道上的放空管。

（2）用于止逆的阀门等设施　如泵类出口的止回阀。

（3）真空系统的密封设施。

2. 紧急处理设施

（1）紧急备用电源、紧急切断等设施　如控制室配备的紧急备用电源，管道、阀门上配备的紧急切断装置。

（2）紧急停车、仪表连锁等设施。

（三）减少与消除事故影响设施

（1）防止火灾蔓延设施

① 阻火器、安全水封、防火梯、防爆墙、防爆门等隔爆设施。

② 防火墙、防火门等设施。

③ 防火材料涂层。

（2）灭火设施　如灭火器、消火栓、高压水枪、消防车、消防管网、消防站等。

（3）紧急个体处置设施　如洗眼器、喷淋器、逃生索、应急照明等设施。

（4）逃生避难设施　如逃生安全通道（梯）。

（5）应急救援设施　如堵漏、工程抢险装备和现场受伤人员医疗抢救装备。

（6）劳动防护用品的装备　包括保护头部、面部、眼睛、呼吸、听觉器官、四肢、身躯防火、防毒、防烫伤、防腐蚀、防噪声、防光射、防高处坠落、防砸击、防刺伤等的劳动防护用品和装备。

五、 化工行业常见的职业病防护措施

根据化工行业多存在职业中毒、职业性皮肤病、尘肺病及噪声性耳聋等的特点，所采取的常见职业病防护设措施主要从防尘毒、防接触、防噪声等方面考虑，除了加强管理和配备合适的个人防护用品外，主要从以下几个方面来考虑。

（1）以无毒代替有毒、低毒代替高毒物质，优先采用无危害或危害较小的工艺和物料。这种方法是从根本上防止毒物中毒的首选办法，也是化工行业技术人员一直致力于改善工作环境的努力最佳方向。油漆行业中的稀释剂用低毒物质代替高毒物质、油性漆改为水性漆，农药生产行业中禁止一些高毒物质（如六六六）的使用，民用行业中用无铅汽油代替含铅汽油等都是为了降低毒性，防止毒物对操作人员的身体造成危害的措施。

（2）尽量选择生产过程中不产生或少产生有毒物质的工艺，如电镀行业中以氰化物为络合剂的工艺逐渐被无氰化物电镀工艺代替，就是为了消除氰化物对操作人员的伤害。

（3）尽量采用生产过程密闭化、机械化、自动化的生产装置，减少有毒物质的挥发。同时应加强对设备设施的日常检查和维修维护，特别是管道接口、各类泵的抽送样口等处，应避免因链接部件的松动、不密闭等原因导致有毒物质的逸散，尽可能地减少人员接触有毒物质的频率。

（4）采用自动监测、报警装置、连锁保护和安全排放等装置，实现自动控制、遥控或隔离操作，尽可能避免操作人员在生产过程中直接接触会产生有害因素的设备和物料。如石油化工行业中的集中控制系统，甲醛生产等涉及危险工艺的自动化改造等。

（5）根据生产工艺和粉尘、毒性的特性，采取防尘、防毒通风措施以控制其扩散，使作业场所的有害物质浓度达到国家规定的标准要求。通风措施包括整体通风换气、局部排气通风等。

（6）在泵区、储罐区，及需要冲洗、放净的设备周围设置围堰并铺砌地面，以免有毒物质扩散。

（7）在有可能发生化学性灼伤及可经皮肤黏膜吸收引起急性中毒的工作地点或车间，如酸碱的使用、储存场所设置洗眼器、喷淋装置等，以减少毒物对皮肤接触的危害。洗眼器、喷淋装置等的服务半径应小于 15m。

（8）在防噪声方面，主要是考虑设备的布置，噪声较大的设备尽可能地安装在单层厂房内或多层厂房的底层，并采取隔声、减震等措施；各类泵、压缩机等噪声比较大的设备，分类集中布置或隔离布置，并充分利用设置减震基础、柔性连接等减震降噪措施。

（9）在化工行业中，其生产条件也会经常在高温状况下，高温设备采取隔热保温措施，控制室、办公室等设置空调系统。

此外，毒物的逸散与气象条件的关联性很大，对于化工行业，要特别注意从总平面布置方面进行对职业病危害因素的防护；要在厂区的显要位置设置风向标，以便在出现泄漏事故时指导作业人员选择正确的撤离方向；要特别注意异常条件下，如停机维修、设备管道泄漏、发生事故等状态下，对职业危害因素的防护。化工行业出现异常情况时，其危害是最严重的，产生的社会影响也是最大的，所以应急救援预案对化工行业尤其重要。

六、 行业常见的个体防护装备

个体防护装备是指作业人员为防御物理、化学、生物等外界因素伤害所穿戴、配备和使用的各种护品的总称，具体情况前文已有介绍。化工行业中常常使用的个体防护用品主要包括如下几个方面。

1. 头部防护用品

化工行业的头部防护用品中常见的是安全帽，主要用于可能存在物体坠落、撞击、有碎屑飞溅、操作转动机械等的作业场所，用于保护头部免受冲击、刺穿、挤压等伤害。

2. 呼吸器官防护用品

化工行业中呼吸器官防护用品常见的有：防尘口罩和防毒口罩（面具）。当工作场所的空气中粉尘浓度、有毒物质的浓度超过职业接触限值时，应为作业人员提供有效的呼吸器官防护用品。由于化工行业的复杂性，呼吸器官防护用品的选择比较复杂，应根据国家有关的职业卫生标准对作业的空气环境进行评价，识别有害环境的性质（包括是否能够识别有害环境、是否缺氧及氧气浓度值、是否存在空气污染物及其浓度、空气污染物存在的形态），以及判定期危害程度等因素来选择。具体选择可参考《呼吸防护用品的选择、使用与维护》（GB/T 18664—2002）。

3. 眼面部防护用品

化工行业中眼面部防护用品常见的有：防护眼镜、防酸碱面罩、防辐射面罩等，主要用于有飞溅作业（如碎屑飞溅、腐蚀性的液体）、焊接作业等的场所。

4. 听觉器官防护用品

化工行业中听觉器官防护用品常见的有：耳塞、耳罩和防噪声耳帽。对于耳塞、耳罩和防噪声耳帽的选择，首先要确定噪声作业环境下实现听力有效防护所需要的护听器的 SNR 值（单值噪声减低数），然后根据作业条件和佩戴者的使用特点选择具体式样的护听器。通常，使用者佩戴护听器后实际接触噪声值以在 75～80dB（A）较为理想。

5. 手部防护用品

化工行业中手部防护用品常见的有：防毒手套、防高温手套、防酸碱手套、防静电手套、防油手套、防振手套等。根据工作场所实际接触危害的情况，选择具有相应防护能力的手部防护用品。

6. 足部防护用品

化工行业中足部防护用品常见的有：防静电皮鞋、防酸碱鞋、防油防水鞋、防烫鞋、防滑鞋、绝缘鞋、防振鞋等。根据工作场所实际接触危害的情况，选择具有相应防护能力的足部防护用品。

7. 躯体防护用品

化工行业中躯体防护用品常见的有：普通防护服、防毒服、防高温服、阻燃服、防静电服、耐酸碱服、防油服等。根据工作场所实际接触危害的情况，选择具有相应防护能力的防护服。

8. 护肤用品

化工行业常用的护肤用品有：防毒用品（如硝基苯洗涤剂、防沥青油膏）、防油用品（如油漆洗涤剂）、防腐蚀性物质洗涤剂、炭黑洗涤剂等。

9. 防坠落防护用品

化工行业常用的防坠落防护用品有：安全带、安全绳等。

（邓小凤）

第二节　水泥行业

一、行业特点

水泥行业是我国重要的基础原材料行业，水泥又是国民经济建设中不可或缺的基础原材料，在国民经济发展中处于十分重要的战略地位。水泥行业的发展也成为一个国家社会发展水平和综合实力的重要衡量指标。

目前，新型干法水泥技术已在我国水泥工业中确立了主导地位，同时广大水泥行业还在不断推进余热发电、节能粉磨、变频调速、水泥助磨剂、废渣综合利用、烟粉尘治理、温室气体和 NO_x 减排及协同处置等新技术、新工艺。

水泥行业主要有水泥厂、熟料厂和粉磨站三种形式。水泥厂指包括原料处理、生料粉磨、熟料煅烧、煤粉制备、水泥粉磨、水泥均化及储存、水泥包装及散装生产工序的企业；熟料厂指包括原料处理、生料粉磨、熟料煅烧、煤粉制备生产工序的企业；粉磨站指包括水泥粉磨、水泥均化及储存、水泥包装及散装生产工序的企业。

水泥生产的过程可简单分为三个阶段，即生料制备、熟料煅烧、水泥粉磨。这三个阶段，亦可简称为水泥生产"两磨一烧"的工艺过程。由于生料制备有干湿之别，所以将生产方法分为湿法、半干法（或半湿法）、干法三种。目前，国内最为普遍的是新型干法水泥生产工艺。

随着《中华人民共和国职业病防治法》的修订实施和国家监管部门对水泥行业监督监管工作力度的加大，通过专项治理和推行安全生产标准化一级企业达标创建活动的开展等，多数规模型水泥企业逐步建立了比较完善的职业安全卫生管理和技术体系。

但是，由于水泥生产技术较成熟，进入门槛较低，又具有产品市场半径小、有利于中小型企业存活等特点，国内还存在一些生产装备水平不高和工艺相对落后的中小型水泥企业及立窑企业。这些企业往往只注重追求经济效益，而忽视了作业人员的安全和健康问题，这部分劳动人群也就成为安全事故和职业病的高发群体。

二、 危险源与职业病危害因素

以新型干法水泥生产工艺为例，从原料处理至水泥成品出厂各环节，对水泥生产过程中存在的危险源与职业病危害因素进行介绍。

（一）主要危险源

新型干法水泥生产工艺，主要包括生料制备、熟料烧成、水泥粉磨、余热发电、公辅系统（包括专用码头、铁路专用线、空压站、脱硝系统、总降压站、给排水、化验室、检维修、污水处理等）等。各系统、各作业场所均存在危险源。水泥行业危险源辨识及控制措施见表 5-1。

表 5-1 水泥行业危险源辨识及控制措施

序号	危险源		活动区域	可能导致的事故	控制措施
	危险因素	活动/过程/服务			
1	安全防护设施不齐全或拆除后未及时恢复	生产班前检查	生产区域	机械伤害	检查确认安全防护设施是否及时恢复，固定是否牢靠
2	跨越运行中的设备				严禁跨越运行中的设备

序号	危险源		活动区域	可能导致的事故	控制措施
	危险因素	活动/过程/服务			
3	对煤磨磨内、袋收尘和煤粉仓等部位动用电气焊或其他动火方式作业	煤粉制备	煤粉制备系统	火灾爆炸	煤磨袋收尘和煤粉仓封闭部位动火作业,须进行动火审批,取得相关部门的许可,制订安全防范措施,专人负责,必须专人监护。监护人员应坚守岗位,随时监控、掌握情况
4	未停电进行检修作业,清除、清理转动或设备运转部位的物料、积料	设备检修及设备物料清理、清除	窑、磨系统	机械伤害	必须办理停电票,停机停电,挂牌,专人监护指挥,从高配室断电,检修或清理后,再转动设备
5	设备维护检修时没有做到停电、挂牌、上锁	电工作业	作业现场	机械伤害触电	工作前必须停操作电源、断开事故开关,并确认挂牌
6	没有办理危险作业申请无安全交底,没有设置专人监护,没有落实防火措施	危险区域动火作业	总降压站	火灾爆炸	办理危险作业并取得许可,安全交底,设置专人监护,落实防火措施
7	没有办理危险作业申请无安全交底,没有设置专人监护,没有落实防火措施	危险区域动火作业	窑头油房、煤磨、柴油加油站、油料仓库、氧气乙炔库	火灾爆炸	办理危险作业并取得许可,安全交底,设置专人监护,落实防火措施
8	没有办理危险作业申请无安全交底,没有开展专门安全培训,没有设置专人监护	水泥生产筒型库清库作业	熟料库、生料库、水泥库、调配站	高处坠落窒息坍塌	办理危险作业并取得许可,安全交底,设置专人监护,开展专门安全培训
9	携带火种,擅自动火作业,在此区域吸烟,系统内存在火灾隐患	煤磨、窑头柴油库系统巡检、检修	煤磨、窑头柴油库	火灾爆炸	危险区域严禁烟火;动火作业前办理动火申请,现场做好安全防范措施;生产部门每班巡查,安全管理部门每周巡查
10	进入设备内部未办理作业许可,不落实防范措施	煤磨系统巡检、检修	煤磨	中毒窒息	保持系统适当通风;进入密闭空间前先检测内部是否存在有毒气体,气体是否温度过高,佩戴防护用品

序号	危险源		活动区域	可能导致的事故	控制措施
	危险因素	活动/过程/服务			
11	未办理停电手续,检修现场急停开关没有打到停止位置	生产现场各系统巡检、检修、检查	作业区域	机械伤害	办理停电手续,现场急停开关打到停止位置,检修期间开动设备必须与现场联系
12	中控操作员开机前没有与现场联系,误操作导致错开其他有人正在作业的设备			机械伤害触电	严格遵守安全操作规程,开动设备前与现场人员取得联系,确保无人对该设备作业时才能启动
13	高处作业未佩戴安全带			高处坠落	2m以上高处、临高处作业必须佩戴5点式安全带
14	作业时没有设置警戒隔离带;人员随意穿越警戒线进入吊装区域	吊装作业	电动葫芦、桥式起重机、移动式起重机作业现场	起重伤害	设置安全警戒线,指挥、监督人员不得进入吊装区域
15	没有办理危险作业申请,没有设置专人监护,停磨后马上进入磨内、收尘器内检修	煤磨、煤磨袋收尘器、立磨、水泥磨内等受限/密闭空间检修作业	检修现场	中毒窒息	保持系统适当通风;进入密闭空间前先检测内部是否存在有毒气体,气体是否温度过高
16	氨水罐、管道着火爆炸	SNCR脱硝系统运行、氨水卸车	氨水卸车、运行、检修现场	爆炸化学性灼伤	配备灭火器,氨水区域严禁吸烟,办理动火作业申请并获得许可
17	动火作业未办理许可,未落实防范措施			火灾爆炸	罐区严禁烟火,消防器材良好有效。生产部门每班巡查,安全管理部门每周巡查
18	用盐酸、氢氟酸、氢氧化钠、磷酸等溶液进行溶样时,未正确穿戴防护用品或操作不正确	实验/分析使用化学物品	化验室、水分析室	化学性灼伤	必须在通风橱罩内进行,并戴好防腐蚀液护目镜、口罩、耐酸碱手套
19	在化学试剂仓库存放,领取化学物品时操作不当	在化学试剂仓库存放、领取化学物品	危化品仓库	火灾爆炸化学性灼伤中毒	存放或领取强酸、强碱等化学物品时,轻提、轻放,要戴胶手套

序号	危险源		活动区域	可能导致的事故	控制措施
	危险因素	活动/过程/服务			
20	动火作业、抽烟、生火、使用移动电话,油车停放处未放置警示标识	柴油库作业	柴油站/库	火灾爆炸	危险区域严禁烟火;严禁使用移动电话;油罐车泊好后立即放置警示柱,现场做好安全防范措施方可作业(卸油)。生产部门每班巡查,安全管理部门每周巡查
21	进入除尘器集料箱内作业前,没有用测氧仪测量氧浓度	袋收尘器巡检、检修	收尘设备现场	中毒窒息	进入除尘器集料箱内作业前,必须用测氧仪测量氧浓度(大于19.5%),用CO仪测量CO含量(在规定值内),同时打开两个以上人孔使空气流通
22	上下楼梯不扶扶手	码头巡检、取样、打封签	码头区域	淹溺	码头巡检、取样,上下楼梯时扶好扶手
23	不正确穿戴救生衣			淹溺	码头巡检、取样,上下楼梯时正确穿戴救生衣
24	加氯工作间氯气泄漏	供水泵站水消毒加氯车间巡检、检修	加氯车间	中毒窒息	定期检查液氯瓶阀门使用情况,进入液氯间必须正确佩戴防毒面具。生产部门每班巡查,安全管理部门每周巡查
25	加氯工作间通风不畅,巡检未佩戴防护用品			中毒窒息	定期检查液氯间通风情况,正确佩戴防毒面具进入液氯间操作。生产部门每班巡查,安全管理部门每周巡查
26	触碰带电高压设备	总降110kV配电室中压、高压柜、电容器柜巡检检修	总降压站	触电爆炸火灾	绝缘物质击穿/损坏引起漏电,应穿戴好绝缘劳保用品,必要时对设备进行验电,定期做好绝缘检测;严禁烟火。生产部门每班巡查,安全管理部门每周巡查
27	操作时未穿戴好绝缘劳保用品			触电	绝缘物质击穿/损坏引起漏电,应穿戴好绝缘劳保用品,必要时对设备进行验电,定期做好绝缘检测;严禁烟火。生产部门每班巡查,安全管理部门每周巡查
28	未按厂区车速要求行驶,不避让车辆行人			车辆伤害	限速行驶,遵守场内交通安全管理规定

序号	危险源		活动区域	可能导致的事故	控制措施
	危险因素	活动/过程/服务			
29	氧气、乙炔库房安全距离不足	氧气、乙炔存放	氧气、乙炔库	火灾爆炸	保持安全距离(20米以上)。生产部门每班巡查,安全管理部门每周巡查
30	氧气、乙炔入库验收不严谨,存在失效气瓶			火灾爆炸	按规定对气瓶的外观、检验有效期、使用有效期等进行检查
31	氧气、乙炔库房吸烟,存在火灾隐患			火灾爆炸	严禁携带火种进入氧气、乙炔库房。生产部门每班巡查,安全管理部门每周巡查
32	氧气与乙炔混装、无防震胶圈	氧气、乙炔运输	运输区域	火灾爆炸	安装2个以上防震胶圈,严禁混放运输
33	氧气瓶与乙炔瓶距离不足5m,氧气瓶和乙炔瓶距离明火不足10m;未安装防回火阀、压力表	氧气、乙炔使用		火灾爆炸	保持安全距离
34	电源线破损,二次线搭接在压力管道或输油管,焊把损坏,作业现场潮湿未做防潮、防水措施	电焊机使用	使用区域	触电	作业前检查电源线无破损(不超过6m),二次线规范搭接,检查焊把无损伤,潮湿场地做架空或隔离防水防潮措施。移动设备时先切断电源
35	电源线破损,作业现场潮湿未做防潮、防水措施,未定期做绝缘检测,无漏电保护设施,作业完成未先切断电源	手持电动工具使用		触电	作业前检查电源线无破损(不超过6m),潮湿场地做架空或隔离防水防潮措施,移动设备时先切断电源,定期检测接地电阻
36	未穿戴全套阻燃服、站在清料口正前面作业、人体部位位于工具正上方	预热器清堵、篦冷机清大块料	窑系统	灼伤物体打击	按要求规范佩戴全套消防服装、劳保鞋等

序号	危险源		活动区域	可能导致的事故	控制措施
	危险因素	活动/过程/服务			
37	安全阀失效,储气罐压力过高	空压机系统巡检、维修	空压机系统	压力容器爆炸	按特种设备要求进行检查、年检,更换不合格安全阀,保证设备本质安全;及时放风、放水。生产部门每班巡查,安全管理部门每周巡查
38	进入到浮船上未穿戴救生衣和配备救生圈	作业人员进入浮船作业,巡检及管理人员进入浮船巡查	浮船	淹溺	进入浮船上正确穿戴救生衣,配备救生圈
39	卸货接口未做二次保护	粉煤灰卸货	卸运现场	物体打击	对卸灰口做二次保护措施,管口两端增加固定措施或在卸灰区域增加护栏
40	设备运转过程中进行清理物料作业	原煤等原料给料或转运料斗及料槽开口位置	运料设备	机械伤害物体打击	破碎机被堵时,应先切断电源再进行清理 严禁将手伸入破碎机内清理物料 破碎完成后,应先切断电源,挂牌上锁后再清理卫生
41	脱硝系统氨水储罐无专人管理。未设置氨气浓度报警系统、防泄漏装置和防静电系统	氨水库	脱硝系统巡检、运行	中毒窒息化学性灼伤爆炸	应对脱硫、脱硝的原料严格管理,采取专人看护,单独储存 应设置氨气浓度报警系统、防泄漏装置和防静电系统 应配置紧急喷淋装置和应急药品等物品 采用封闭厂房储存还原剂时,电气设备应采用防腐、防爆型
42	进入磨机检修作业未配备一氧化碳、氧气浓度检测设备或未进行通风换气	进入有限空间作业	原料磨系统	高处坠落触电中毒窒息机械伤害物体打击	进入磨机、选粉机、收尘器等设备内部检修作业,应配备温度和一氧化碳、氧气浓度检测仪器设备,备有电压不超过12V的照明灯具 进入磨机、选粉机、收尘器等设备内部检修作业,应执行有限空间作业安全管理等有关规定,做好通风换气

序号	危险源		活动区域	可能导致的事故	控制措施
	危险因素	活动/过程/服务			
43	系统设备缺少防爆阀或防爆阀缺陷	防爆阀	煤磨系统	火灾爆炸	煤粉制备系统的煤磨、选粉机、煤粉仓、收尘器等处应装设防爆阀。防爆阀应布置在需要保护的设备附近,并应布置在便于检查和维修的管段上。防爆阀的布置应避免爆炸后的喷出物喷向电气控制室的门、窗、电缆桥架,且不应喷向车间内其他电气设备、楼梯口、主要通道、附近锅炉及管道。对防爆阀应进行定期检查,确保完好
44	安全阀、水位表、压力表、报警和联锁保护装置等有损坏	余热发电锅炉	余热发电系统	锅炉爆炸	锅炉安全附件及安全防护装置应完好无损
45	锅炉干锅上水				应严格遵守岗位操作规程
46	熟料库等筒型储库结构受力部位出现较大裂缝,钢筋或受力杆件断裂、严重变形,或基础沉降不均匀,结构主体倾斜严重	筒形储存库主体结构	熟料库、生料库、水泥库、调配站	坍塌	严格控制库内料位,严禁超过设计储量储存物料。应采取措施,避免物料偏库、超高存放。对长期处于磨损工作状态下的结构构件,应采取抗磨损措施,且结构外层单独设置耐磨层,并应对耐磨层进行定期检查。熟料库等储库应设置沉降观测点,加强观测,制定相应的应急处理措施。应定期对熟料库的结构稳定性进行检测,发现问题及时处理

（二）主要职业病危害因素

1. 生料制备

生料制备就是把石灰石、硅质原料及其他铁质、铝质校正原料按一定比例进行配料，经过粉磨设备粉磨后，调配成成分合适、质量均匀的生料的过程。生料制备的工艺流程主要包括原料破碎、均化及配料、生料粉磨及均化三个环节。

生料制备工作场所中存在的主要职业病危害因素是粉尘和噪声，其分布情况见表5-2。

表5-2　生料制备工作场所主要职业病危害因素分布情况

职业病危害因素	产生部位(环节)描述
粉尘	各种原料储存场所
	石灰石、页岩等原料卸料及破碎
	堆、取料机作业
	各种原料配料、输送
	粉磨设备对原料进行粉磨
噪声	石灰石卸料
	破碎机对石灰石、页岩等原料进行破碎
	石灰石等原料下料口
	各种运行中的大型电机
	袋式除尘器脉冲清灰
	原料粉磨
	各种运行中的大型风机

从分布情况来看，产生粉尘较多的设备是石灰石布料机和石灰石破碎机。尤其是在石灰石布料机作业时，由于落差较大，粉尘弥散情况较严重，沉积地面的粉尘，容易因天气干燥或起风造成二次扬尘。石灰石破碎机常因设备老化、密封不严等原因，造成在破碎石灰石时粉尘逸散。产生较强噪声的是石灰石破碎机、生料粉磨设备。

2. 熟料烧成

熟料烧成是水泥生料首先在预热器、分解炉内进行预热分解，然后在回转窑内高温煅烧，经过一系列物理、化学变化而转变为水泥熟料的过程。熟料烧成的工艺流程主要包括煤粉制备、生料预热分解、熟料煅烧、熟料冷却破碎及入库、熟料出厂五个环节。

熟料烧成各工作场所中存在的主要职业病危害因素有粉尘、噪声、高温、氮氧化物、二氧化硫和一氧化碳。其分布情况见表5-3。

表5-3　熟料烧成工作场所主要职业病危害因素分布情况

职业病危害因素	产生部位(环节)描述
粉尘	原煤堆场卸车
	原煤破碎
	原煤堆取料机作业
	原煤输送皮带及各皮带转载点
	原煤的粉磨、选粉
	生料入窑和喂料
	熟料的破碎、输送、入库
	熟料散装装车

职业病危害因素	产生部位(环节)描述
噪声	原煤破碎
	粉磨设备对原煤进行粉磨(管磨产生噪声更大)
	各类运行中的风机
	熟料破碎及输送
	各类运行中的电动机
	袋式除尘器脉冲清灰
高温	预分解系统、回转窑、箅冷机、熟料地坑、拉链机等部位
氮氧化物、二氧化硫	窑头和窑尾
一氧化碳	煤粉制备系统和窑头、窑尾

熟料煅烧是水泥生产工艺中最重要的一道工序,包括燃料燃烧、热量传递和物料运动等复杂的过程,职业病危害因素的分布和种类也相对多样化。

水泥熟料煅烧需要大量的燃煤供给。因此,在本工序的原煤供给和煤粉制备环节存在大量煤尘,尤其是在原煤堆料、破碎及粉磨时,空气中煤尘的浓度较高。其他粉尘主要产生在窑尾、窑头、熟料地坑和熟料散装等环节。尤其是熟料散装,常因收尘效果不好、司机接收指令错误等原因导致在装车时造成大量粉尘逸散。

噪声强度较高的设备主要是罗茨风机、排风机等各类风机和原煤粉磨设备。罗茨风机噪声可达 104.1dB(A);原煤球磨机产生较强噪声,噪声可达 104.5dB(A)。

水泥熟料煅烧过程中,为了使生料能充分反应,窑内烧成温度要达到 1450℃,回转窑巡检平台的辐射温度也都在 300~350℃。因此,高温存在于预分解系统、回转窑及箅式冷却机等多个部位。

水泥熟料煅烧过程中产生一氧化碳、二氧化硫及氮氧化物等化学物质,由于水泥窑是一个密闭、负压、通风的系统,在设备正常运行状态下,所产生的化学物质基本都随废气高空无害化排放,对工作场所的作业人员危害较小。但是,如果出现风机跳停、中控人员误操作等方面原因,有可能造成工作场所局部有毒有害物质浓度超标,对人体健康产生危害。

3. 水泥粉磨

水泥粉磨是熟料添加适量缓凝剂和部分混合材料,经粉磨设备共同磨细成为水泥成品的过程。国内现阶段常用的是联合粉磨技术,即由辊压机、打散分级机、选粉机、球磨机为基本设备组成的闭路粉磨工艺系统。水泥粉磨的工艺流程主要包括配料及输送、水泥粉磨及储存、水泥散装出厂、水泥袋装出厂四个环节。

水泥粉磨工作场所中存在的主要职业病危害因素是粉尘、噪声,其分布情况见表 5-4。

表 5-4　水泥粉磨工作场所主要职业病危害因素分布情况

职业病危害因素	产生部位(环节)描述
粉尘	缓凝剂、混合材的运输、卸车、破碎
	熟料、缓凝剂、混合材的输送过程
	水泥配料
	水泥粉磨、选粉过程
	水泥成品入库
	水泥成品散装
	水泥成品包装和装卸
噪声	水泥粉磨、选粉
	水泥库底罗茨风机
	各种运行中的大型风机
	袋式除尘器脉冲清灰

粉尘浓度超标比较严重的工作场所是水泥包装、栈台码垛和装卸，由于以上工作场所地面散落的水泥量较大，因此，在进行清扫时造成二次扬尘的现象也很普遍；产生较强噪声的设备是水泥球磨机，可达 107.2dB（A），目前从工艺和设备方面降低水泥球磨机产生的噪声还有一定难度。

4. 余热发电

余热发电技术是在水泥窑窑头、窑尾废气出口安装余热锅炉，利用水泥窑系统废气，通过余热锅炉产生过热蒸汽，进入汽轮发电机组进行发电。

余热发电工作场所的主要职业病危害因素包括高温、噪声，以及硫酸、盐酸、氢氧化钠等化学性有害物质。余热发电工作场所主要职业病危害因素分布情况见表 5-5。

表 5-5　余热发电工作场所主要职业病危害因素分布情况

职业病危害因素	产生部位(环节)描述
噪声	运行中的汽轮机、凝结水泵等设备
	余热锅炉蒸汽排放
	余热锅炉振打装置
高温	余热锅炉、高温管道等
硫酸、盐酸、氢氧化钠	化学水处理、水化验岗位

余热发电系统产生较强噪声的设备是汽轮机和水泵，分别可以达到 92dB（A）、88dB（A）。另外，汽轮机补气管道不定时排气，噪声强度非常高，对附近作业人员的听觉会造成一定的损害。硫酸、盐酸及氢氧化钠等化学品，主要是用于调节循环水的 pH 值，基本都以储罐形式进行储存，利用管道和加压泵打入循环水系统，所以和人体接触的机会并不多。

5. 脱硝脱硫系统

随着各项降低 NO_x 技术在水泥工业中的应用，目前国际上水泥行业较大规模推广应用的技术主要集中在低 NO_x 燃烧技术、分级燃烧技术和烟气脱硝技术这三项。

水泥窑脱硝技术主要包括选择性催化还原技术（SCR）和选择性非催化还原技术（SNCR）两种。SCR装置结构简单、运行可靠、便于维护，氮氧化物去除率可达90%以上，但建设成本和运营成本较高，约为SNCR的6～10倍。选择性非催化还原技术（SCR）运营成本相对低廉，氮氧化物去除率可达30%～40%，目前在国内水泥企业得到广泛推广。选择性非催化还原系统（SNCR）中，可采用尿素或氨水作为还原剂。在同等的氨氮摩尔比的条件下，氨水作为还原剂的效率比尿素作为还原剂的要高25%～30%。同时，氨水对炉膛内能量损耗也低于尿素，反应过程简单。因此，大多数企业选择氨水作为还原剂使用。

选择性非催化还原系统（SNCR）主要由还原剂储存、还原剂供给、稀释水供给、计量分配、雾化喷射、实时监测六个系统组成。

脱硝脱硫系统工作场所的主要职业病危害因素包括氨和噪声。氨水装卸、贮存、输送、稀释过程中产生氨；卸车泵、循环泵、输送泵等运行过程中产生噪声。

6. 公辅系统

公辅系统主要包括空压机站（房）、变配电系统和化验室。

（1）空压机站（房）　空压机站（房）为满足各生产单元用气需求，通常会根据用气量集中设置压缩空气站（房），然后使用空气压缩管道送至各个区域单独设置的储气罐，由储气罐向各用气点供气，用于包装系统、除尘系统和空气炮等。目前，很多水泥企业已经使用噪声小、能耗低的螺杆式空压机替代老式活塞式空压机。

空压机站（房）存在的主要职业病危害因素是噪声。

（2）变配电系统　变配电系统就是将国家电力系统的电能降压后，再根据各生产单元的负荷数量和性质、生产工艺对负荷的要求及负荷布局，进行电能再分配。它由降压变电所、高压配电线路、车间变电所、低压配电线路及用电设备组成。

变配电系统主要职业病危害是电磁噪声。

总降压站运行过程中产生的工频电场、噪声、六氟化硫。

（3）化验室　化验室主要负责原燃材料、半成品和成品水泥的取样、化学成分分析和物理指标的检验。化验室的主要职业病危害因素是硫酸、盐酸、硝酸、氢氟酸和氢氧化钠等腐蚀性化学品，以及X射线荧光分析仪产生的电离辐射。颚式破碎机、试验磨等运行过程中产生粉尘、噪声。

化验室作业人员对物料进行化学成分分析时，会使用强酸进行溶样，在加热的过程中产生大量酸性烟雾，尤其是氢氟酸，因其本身具有发烟的特性，产生的烟雾更大。酸性烟雾对人体的眼部、皮肤和呼吸道损害较大，极易造成化学性灼伤。另外，在使用氢氧化钠、氢氧化钾配制缓冲液时，也有可能接触操作人员的皮肤，造成化学性灼伤。

7. 检维修及清扫作业

在生产过程当中，会临时或定期对各种大小型设备进行检维修，以保证生产设备的正常运转。检维修过程接触到的危害因素种类比正常生产状况多，且危害因素的浓度或强度大，是事故发生的多发阶段。检维修及清扫作业工作场所主要职业病危害因素分布情况见表5-6。

表 5-6　检维修及清扫作业工作场所主要职业病危害因素分布情况

职业病危害因素	产生部位(环节)描述
电焊烟尘、锰及其无机化合物、一氧化碳、氮氧化物、臭氧、紫外辐射	电焊作业
砂轮磨尘、噪声	打磨作业
岩棉粉尘	热风管道更换保温材料
局部振动、噪声	使用风镐拆除浇注料
粉尘	清库、篦冷机"打雪人"、预分解窑点火和投料、磨机和窑炉系统等检维修；人工清扫生产区域、道路和工作场所地面的粉尘
一氧化碳、缺氧	进入窑内及其他密闭空间
高温	预热器清堵、篦冷机"打雪人"

三、 常见的安全生产事故与职业病

（一） 常见的安全生产事故

水泥生产工艺和工序复杂多样，由于安全防护措施不到位、违章作业等原因，水泥企业安全事故多发，事故类型呈现多样化。常见的外力因素包括重力、机械力、电力、热力、化学力、风力、磁力等。常发生坍塌、火灾、窒息、中毒、灼烫、高处坠落、车辆伤害、机械伤害等各类事故伤害。

水泥生产线容易发生事故的时间段包括：调试、点火、检修、故障处理。容易发生事故的区段：高温、高空和设备密集区段。容易发生事故的人：巡检员和临时工。容易发生事故的重点区域：水泥工厂煤磨系统、燃油储罐、脱硝系统等。

我国水泥企业常见安全生产事故作业主要有：处理预热器堵料，处理篦冷机雪人，清库、清仓作业，吊装作业，高空作业，有限空间作业，交叉作业，以及各种危险性较大的检修作业。

1. 清库（仓）

水泥企业的生料库、水泥库等各类库（仓）在使用一定时间后，因库内物料被压实和板结会造成下料不畅，严重时将影响正常生产，并直接影响企业的经济效益。因此，必须经常清库（仓）。清库（仓）工作属于高风险作业，一直以来不断有因清库（仓）发生的安全事故报道。如2018年1月，某水泥有限公司进行水泥筒仓清仓作业时，因库内上部水泥结块掉落，将作业人员掩埋，造成6人死亡。

2. 预热器清堵

预分解技术及装备日臻完善，然而在预分解系统的实际运行中，仍然难免出现结皮、堵塞现象，主要原因是影响因素多、情况复杂，往往无法完全控制。当预分解系统结皮、堵塞时，如采用压缩空气吹扫则无法清除、疏通，必须止料、停窑，进行人工清结皮、清堵作业。

由于预分解系统容易结皮、堵塞部位的物料、气体温度通常在 800℃ 以上，因此人工清结皮、清堵是一项非常危险的作业，如果操作不当或个人防护不当，则容易被捅料孔喷出的高温物料、气体灼烫。当采用高压水枪清结皮、清堵时，如果作业人员操作不当也会遭受伤害。

3. 篦冷机"打雪人"（清积料）

篦冷机是新型干法水泥生产中冷却出窑熟料的主要设备。但在使用中，"堆雪人"现象经常出现。在靠篦冷机前壁回转窑筒体转向后侧的卸料溜子处，活动篦板没有及时将细热熟料推走，使其越积越高。堆积形状就向冬季小孩堆砌的雪人，严重时可堆到窑口。处理篦冷机堆雪人的难度很大，捅掉一块又堆上一块。当细热熟料堆积到窑口时，就会剧烈磨损窑口护铁，使耐热钢护铁很快报废。"堆雪人"还会影响窑内的热工制度和窑内通风，有时还会烧坏篦冷机，导致大梁变形等恶性事故发生。篦冷机卡大块、"积雪人"等故障，在清理时非常危险，极易出现烧伤、烫伤事故。

4. 高处作业

窑尾预热器塔架、增湿塔、立磨、收尘器、磨机选粉系统，以及各类原料、辅料库等属于大型设备和高层建筑物，在日常生产及设备安装、检维修、物料存储库清理等作业环节中，存在较多的高处作业安全风险和事故隐患。高处作业主要涵盖设备安装、检维修、清库等几种作业类型；作业地点包括临边、攀登、悬空、交叉等 4 种类型。涉及的设备和场所主要包括：预热器塔架、磨机、皮带、收尘器，以及堆场、物料库顶和水泥包装环节。

5. 爆炸放炮

生产水泥的资源来自矿山，矿山采石离不开炸药爆破，爆破不但存在炸药爆炸瞬间的危险，还存在爆炸后飞起石块产生砸人砸物的危险。

此外，窑点火初期煤粉的不完全燃烧会有爆炸的可能；电收尘器内如果存有煤粉或大量 CO 气体时，会引发爆炸；煤粉磨制中积存煤粉的任何部位都存在爆炸隐患。

6. 高温作业

水泥生产设备中有许多是表面高温设备，如窑头罩、篦冷机、窑体、窑尾预热器和尾气管道等。若人员接触设备、管道超温的表面，管道外保温层损坏未及时发现，高温烟气泄漏等均会造成人员烫伤；电焊、氧焊，以及球磨机、煤磨机、电机、空压机、风机、提升机、皮带运输机等转动部分经过长时间工作未及冷却，人体无意或有意触及，都有可能引起人体被高温体烫伤伤害；生料预热分解及煅烧、煤烘干等均采用的高温工艺（气流温度在 200～1700℃，物料温度在 250～1300℃），在排除堵料故障、检修作业时，可能发生高温气流及炽热粉料的灼烫伤害；看火工操作时，从窑内冲出的火球能烧伤皮肤；发生窑喷时，会将高温热气流和炽热的物料喷出窑外，一旦操作人员躲避不及就会被灼烧，造成严重烧伤事故，甚至死亡。

7. 有限空间作业

水泥行业有限空间的范围有：窑（预热器、窑体、篦冷机）、炉（锅炉、烘干炉）、磨（立磨、管磨）、辊压机、破碎机、收尘器、容器、罐、仓、池、风管、烟道、电缆隧道、窖井、地坑等封闭、半封闭的设施及场所（地下隐蔽工程、密闭、长期不用的设施或通风不畅的场所等），通风不良的矿山溜槽也应视同有限空间。

这些有限空间作业环境复杂、发生事故后果严重、易因盲目施救而造成事态扩大。可能发生的事故类型有：中毒、窒息、火灾、触电、机械损伤、淹溺和坍塌掩埋等。

（二）常见的职业病

1. 尘肺病

水泥粉尘属于人工无机粉尘，工作场所中最常见的是混合粉尘。水泥企业的粉尘产生于破碎、运输、粉磨、包装等工作场所，主要包括石灰石粉尘、水泥粉尘、矽尘、煤尘、电焊烟尘等，是污染作业环境、损害人体健康的主要职业病危害，可诱发以尘肺病为主的多种职业病。尤其是单独以晶体状态存在的二氧化硅，即游离二氧化硅含量超过 10% 的粉尘，能引起严重的职业病——矽肺。

水泥行业生产性粉尘种类比较复杂，对人体造成的危害也不尽相同。例如，原料配料环节，各企业视配比情况添加主要包括石灰石、黏土、页岩、铁粉、砂岩、粉煤灰等不同的原料。砂岩中的游离二氧化硅含量一般超过 10%，而由黏土、铁粉、粉煤灰等原料组成的粉尘属于《职业病危害因素分类目录》里的其他粉尘，因此，原料储存、配料岗位作业人员所患的尘肺病，大多以矽肺和其他尘肺为主。水泥粉磨、包装和装卸工作场所以水泥粉尘为主。目前，水泥成品包装和装卸岗位水泥粉尘浓度超标现象比较普遍，是各企业粉尘控制的重点和难点，插袋工和装卸工也是水泥尘肺的高发群体。

2. 中暑

回转窑、预热器、余热锅炉等工作场所的环境温度较高，尤其是在夏季进行作业时热辐射强度大、相对湿度低，容易形成干热环境。人体在此环境中会大量出汗，如果通风不良，就有可能出现散热障碍，对健康造成伤害。

3. 职业中毒

工作场所中，通常会产生、储存和使用一定数量的化学品，这些物质以气态、固态或气溶胶的形式存在，人体通过皮肤、吸入等方式接触后，可以引起暂时或永久性病理改变，这些化学物质称为化学性有害物质（或生产性毒物），主要有一氧化碳、二氧化硫、氮氧化物及其他酸碱类化学品。

（1）一氧化碳中毒　一氧化碳俗称"煤气"，为无色、无味、无刺激性的气体，可导致一氧化碳中毒。其密度为 1.250g/L，和空气密度（标准状况下 1.293g/L）相差很小，这也是容易发生急性中毒的原因之一。

一氧化碳多存在于煤粉制备系统的煤磨、煤粉仓、除尘器及回转窑等部位，主要是由于煤的氧化和不完全燃烧产生，吸入后可导致一氧化碳中毒。急性一氧化碳中毒事故的发生和进入煤粉制备系统、回转窑等设备内部作业有着密不可分的联系，并且容易因危险源辨识不清、组织施救不利等原因，导致群死群伤的重大事故。

（2）二氧化硫中毒　二氧化硫常温下为无色、有刺激性气味的有毒气体，过量吸入可导致二氧化硫中毒。

煤含有硫化合物，燃烧时会生成二氧化硫。因此，二氧化硫是在熟料煅烧过程中，由于煤在回转窑内燃烧而产生，存在于窑头和窑尾。

二氧化硫经呼吸道进入人体后，易被湿润的黏膜表面吸收生成亚硫酸、硫酸，对眼及呼吸道黏膜产生强烈的刺激作用。轻度中毒时，发生流泪、畏光、咳嗽，以及咽、喉灼痛等；严重中毒可在数小时内发生肺水肿；极高浓度吸入可引起反射性声门痉挛而致窒息。也可通过皮肤或眼部接触造成局部炎症或化学性灼伤。

（3）氮氧化物中毒　氮氧化物（NO_x）是氮和氧化合物的总称，俗称为硝烟（气）。作业环境中接触的是几种氮氧化物气体的混合物，其中主要为一氧化氮（NO）和二氧化氮（NO_2），氮氧化物一般就指这二者的总称。主要产生于进行熟料煅烧的回转窑。

氮氧化物体主要造成呼吸系统急性损害。中毒初期仅有轻微的眼部灼痛，和咳嗽、咳痰等上呼吸道症状，脱离中毒现场后，常因症状很快消失而不被注意。但经过 4～6h 或更长的潜伏期后，可出现呼吸困难、咳嗽加剧并伴有大量白色或粉红色泡沫样痰等肺水肿症状，严重者可导致急性呼吸窘迫综合征（ARDS）。

4. 职业性皮肤病

余热发电化学水处理、化验室以及脱硝系统均储存和使用一定量的化学品。作业场所存在硫酸、盐酸、硝酸、氢氟酸、氨水、氢氧化钠等腐蚀性化学物品。化验室人员对各种原材料、半成品和成品进行化验、分析，接触各种浓度化学品的机会更加频繁。

硫酸是一种强酸，一般为透明至微黄色，能与水以任意比例互溶，同时放出大量的热，可发生沸溅，能对人体组织造成严重腐蚀，在使用时应十分谨慎。吸入硫酸蒸气后会对呼吸道产生刺激，重者发生呼吸困难和肺水肿，高浓度吸入可引起喉痉挛或声门水肿甚至死亡。另外，硫酸对皮肤和黏膜等组织有强烈的刺激和腐蚀作用，皮肤接触会引起灼伤和局部剧痛，并形成颜色不同的厚痂。眼睛接触后可引起结膜炎、水肿、角膜混浊，甚至失明。硫酸可导致的职业病为化学性皮肤灼伤、化学性眼部灼伤和牙酸蚀病。

盐酸经呼吸道吸入后可引起喉炎、喉头水肿、支烟管炎、肺水肿甚至死亡。对皮肤及黏膜具有腐蚀作用，接触盐酸蒸气或酸雾，可引起眼结膜炎和皮肤灼伤。还会导致牙齿酸蚀症，使牙齿失去原有光泽、变黄、变软，直至脱落。盐酸可导致的职业病为化学性皮肤灼伤、化学性眼部灼伤和牙酸蚀病。

硝酸液及含有硝酸的气溶胶对皮肤和黏膜有强刺激和腐蚀作用。吸入后短时间内可以无任何症状，但在数小时后可以引起急性肺水肿，出现进行性呼吸困难，并导致死亡。眼和皮肤与硝酸液及含有硝酸的气溶胶接触还会引起化学性灼伤。硝酸可导致的职业病为化学性皮肤灼伤、化学性眼部灼伤和牙酸蚀病。

氢氟酸是氟化氢气体（HF）的水溶液，为无色透明有刺激性气味的发烟液体。有腐蚀性，能强烈地腐蚀金属、玻璃和含硅的物体。氟化氢对皮肤、眼睛、呼吸道黏膜均有刺激、腐蚀作用，可致接触部位明显灼伤，使组织蛋白脱水和溶解，迅速穿透角质层，渗入深部组织，引起组织液化，重者可深达骨膜和骨质，使骨骼成为氟化钙，形成愈合缓慢的溃疡。吸入高浓度的氢氟酸酸雾，可引起支气管炎和急性肺水肿。氢氟酸也可经皮肤吸收而引起严重中毒。氢氟酸可导致的职业病为化学性皮肤灼伤、化学性眼部灼伤和牙酸蚀病。

氨水是氨气的水溶液，呈弱碱性，易挥发，无色透明且具有强烈的刺激性臭味。氨水易挥发出氨气，随温度升高和放置时间延长而增加挥发率，且随浓度的增大挥发量增加。氨水可经呼吸道吸入后对鼻、喉和肺有刺激性，引起咳嗽、气短和哮喘等，严重者可导致肺水肿，引起死亡。氨水溅入眼内，可造成严重损害，甚至导致失明。皮肤接触可致皮炎，表现为皮肤干燥、痒、发红。氨水可导致的职业病为氨中毒。

氢氧化钠俗称烧碱、火碱、苛性钠，是一种具有高腐蚀性的强碱，为白色半透明结晶状固体，有潮解性，易溶于水并形成碱性溶液，溶解时放出大量的热。氢氧化钠粉尘或烟雾会刺激眼和呼吸道，腐蚀鼻中隔。皮肤和眼与氢氧化钠直接接触会引起灼伤，误服可造成消化道灼伤、黏膜糜烂、出血和休克。氢氧化钠可导致的职业病为接触性皮炎、化学性皮肤灼伤。

四、 常见的安全设施

国家对安全生产高度重视，企业的领导者也清醒地认识到，任何工伤事故的发生给企业带来的损失都是惨重的。自从窑外分解工艺问世以来，人身安全事故的诱发因素增加了，究其原因除了个别情况属于思想麻痹外，更多情况是属于未掌握新工艺生产特点和安全生产的基本规律。

生产中影响安全的变数很多，并非是单一的设备运行，更不是单一的工种作业。比如现场人员受伤并非是某一设备的单一作用，电工不一定只受到电的威胁。安全设施应该从工伤事故发生原因的共性出发，按能致伤于人员外力的类别及来源予以分析。操作人员每到一现场，就应系统地对可能出现的伤害做出分析，并采取相应的预防措施，即防任何安全隐患于未然。

生产区必备的安全设施有：消防器具（灭火器、灭火剂）；安全图形标志；机旁的检修挂牌警示制度；厂区道路上要有能否通行车辆的标志和车速限值标志；厂区内任何地沟（水沟、电缆沟、控制阀井等）或孔洞都要设置盖板，有损坏要尽快补好；车间内部、高层建筑及楼道，必须配足照明等。

此外，还包括以下具体设施要求。

（1）在高空作业（离工作台面 2 米以上）者，应佩戴安全带，绑紧挂牢在固定建筑物或设备静止部分上。

（2）二层以上建筑物的楼层工作面必须有防护栏杆，楼面上不准有未加围护或遮盖的孔洞。

（3）上下楼梯应设扶手栏杆及照明。

（4）地面任何沟、井盖板均应盖好，通道上不应有突出地面的钢筋头等物，不应撒有熟料颗粒等易滑物。

（5）在预热器等大型窗口内工作时，应搭置满堂脚手架，必要时下设安全网。

（6）在篦冷机到预热器全系统内如需同时作业，必须采取隔离措施，杜绝不同工作点之间人、料、工具相通的可能。

（7）在窑内筑炉修复工程中，对上方窑皮、耐火砖的可能脱落均应有防护措施。在进行磨机内换衬板等工作时，应严防头上方衬板及钢球等下落。

（8）进行清生料或水泥库作业时，进库必须使用软梯，绑扎安全带，检查原扶梯是否可靠。作业时注意上方库（仓）壁，警惕黏结物料塌下的可能，避免被料压住窒息。库内有人时，不能用压缩空气及鼓风机。

（9）处理预热器堵塞作业时，要穿戴专用完好的防护用品，通知中控操作员保持系统负压，插入吹管后方能通风、通水，人站在上风口，系统上下不得同时作业。

（10）欲在窑内及篦冷机内检查作业时，应待温度冷至 40℃以下（包括进磨机等其他设备内），并确认预热器内无任何存料后方能进入，更不能同时作业。人工处理篦冷机大块时，应停止破碎机运转，必要时应止料，并将各级预热器闪动阀锁住，切断空气炮风源。

（11）在设备上设置防止可能接触到运转部位的设施，如安全罩、安全网等。

（12）存放强酸、强碱等化学试剂应有专用库房及位置，远离其他物品。搬运时，采用搬运工具，防摔倒。

五、 职业病防护设施

1. 防尘设施

在原料堆场、原煤堆场、石灰石卸车口、石灰石破碎、石灰石堆取机、石灰石预均化库、原料输送皮带、配料站、原料磨、生料均化库、窑尾、原煤破碎、原煤输送皮带、煤磨、窑头、熟料库、熟料散装、熟料输送皮带、石膏堆场、石膏破碎、石膏贮存、石膏输送皮带、水泥配料站、水泥磨、水泥库、水泥包装、水泥散装、水泥输送皮带、水泥装车等工作场所，设置除尘器、喷水抑尘设施、通风设施、密闭设施等。

（1）对于各种原料的储存，将露天堆场改为封闭、半封闭设施，防止因天气干燥、起风等原因引起扬尘。

（2）在破碎机下料口和石灰石上料皮带等部位增设喷水装置，合理调整出水量，对石灰石喷洒水雾，减少在破碎和输送过程中产生的粉尘。该技术也同样适用于石膏、原煤等物料的破碎机上料口。

（3）对输送原料的带式输送设备进行密封，并通过设计来降低原料在转载过程中的落差，减少粉尘逸散。

（4）在配料站混合皮带上方的各原料下料口处安装集尘设施。

（5）对窑尾排风机、各类收尘风机的运行情况及收尘管道的密封状态进行经常性检查、维护和保养，确保收尘系统保持稳定负压状态。

（6）原煤破碎、原煤预均化堆场可采取喷洒水雾方式，减少煤尘逸散。

（7）对原煤输送皮带进行封闭，通过设计降低皮带转载点的落差，减少输送过程中的煤尘逸散。

（8）对煤磨及煤粉输送管道进行经常性的检修维护，保证其密闭、负压状态完好。

（9）中控室应密切监控窑系统各项工艺参数的变化，防止预热器堵料、窑尾漏料的发生，减少因清理物料造成大量扬尘。

（10）加强对各类风机、除尘器及管道的检查、维护和保养，保证其正常运行状态，防止出现故障，造成粉尘逸散。

（11）熟料散装处采用密封式散装房，两端开口，通过电动帆布帘实现开启和关闭，房顶加装袋式除尘器。

2. 防噪声、振动设施

（1）采用新技术、新工艺、新设备从声源上进行控制，如采用立式生料磨、辊压机替代生料球磨机，噪声能降低 15～30dB（A）。

（2）将破碎机、煤球磨机、罗茨风机安装在封闭式或半封闭式厂房内，厂房内部墙面安装吸声材料。

（3）破碎机、生料磨、回转窑、汽轮发电机、辊压机、煤磨、水泥磨、排风机、高温风机、引风机、空压机、循环水泵等设备采用独立的基础，设置隔声减振设施。

（4）对配料站原料下料口等产生噪声的部位，采取封闭、隔声处理。

（5）在罗茨风机、空压机进风口及余热锅炉安全阀排汽口等处设置消声器。

（6）在生料粉磨设备附近安装监控设备，减少巡检人员接触噪声的频率和时间。

（7）原煤球磨机可使用带有阻尼效果的耐磨衬板，用隔声涂料在磨机筒体外喷涂隔声层，或用吸声材料进行筒体包扎，噪声可降低 15～30dB（A）。

（8）煤粉制备采用立式磨替代球磨机，噪声可降低 15～30dB（A）。

（9）窑头、窑尾风机及高温风机搭设风机房进行封闭，风机出口安装内置石棉板等吸音材料的隔音箱，还可以在风机壳体喷涂吸声材料，风机基础应装配减振装置。

（10）电机安装在封闭隔声区域，并安装隔声罩或喷涂隔声涂层。提高电机装配精度，降低机械噪声。

（11）工作场所设置操作、监视、休息用的隔声间（室）。人员值班室、操作室、控制室的设置尽量远离高噪声区域，并进行隔声、吸声处理。

3. 防高温设施

（1）改进生产设备操作方法，实现自动化作业，对回转窑等高温设备实现集中监控，使作业人员远离热源。

（2）对生产区厂房采用开放或半开放式设计，利用自然通风防止热能蓄积。

（3）对预热器回转窑、篦冷机、余热锅炉等高温设备及其连接的高温管道装设隔热保温材料，减少设备散热。破碎机房、锅炉房、磨机房等采取自然通风和机械通风装置。

（4）各电子设备间设置机械通风装置、空调。

（5）各集控室、值班室、休息室等设置空调。

（6）水处理操作间、养护室等工作场所设置机械通风装置等。

（7）利用各种风机对高温设备及物料进行降温。

（8）夏季持续高温时间段，合理制订作业人员的巡检路线，减少在预热器、回转窑等高温设备附近的停留时间。

（9）作业地点温度高于37℃时，应使用移动风扇对局部进行降温，并采取提供防暑降温药品及冷饮等综合防暑措施。

4. 防毒设施

（1）合理调整煤磨进气温度及入磨热风量，防止在煤粉储存及输送过程中积聚和自燃产生一氧化碳。

（2）在窑尾除尘器、煤磨除尘器气体进口处及煤粉仓设置一氧化碳监测报警及温度监测装置。

（3）加强对窑系统设备及管道的日常维护和管理，出现磨损、破损情况及时处理，减少有毒化学物质向空气逸散的可能。

（4）窑尾废气、窑头熟料冷却废气经除尘系统后进行高空排放。

（5）采用脱硝技术减少窑尾烟气中氮氧化物的排放，对废气中的氮氧化物、二氧化硫等有毒化学物质进行在线监测，并通过反馈参数及时调整。

（6）在锅炉房、水处理操作间、计量间、加药间、药品仓库、化学分析室等处设置机械通风装置。

（7）在酸、碱、氨罐（区）等处设置密闭、通风装置，于工作场所设置酸雾、氨吸收器，和喷淋、冲洗装置等。

（8）硫酸、盐酸和氢氧化钠溶液等化学品储罐区，应设置围堰、导泄设施；对意外泄漏的化学品进行收容和回收，防止泄漏造成化学品挥发到空气当中。加强对储罐和输送管道的检查、维护和保养，避免"跑、冒、滴、漏"现象发生。

（9）在氨水储罐安装报警装置，对泄漏及氨水液面的高低进行报警；储罐周围设置围堰，对意外泄漏的氨水进行收容和回收。

（10）对余热锅炉、烟道等采取密闭负压设备。

（11）对煤堆场、煤粉仓等设置通风装置。

5. 防非电离辐射设施
各变压器室、电力室及配电装置应设置屏蔽网、罩和周围设置防护栏等。

6. 防电离辐射设施
物料在线分析仪、荧光分析仪等设施周围应设置屏蔽防护和隔离装置等。

六、 行业常见的个体防护装备

个体安全防护装备每人必备安全帽、工作服、手套、安全带等，根据工种不同、工作性质不同，配发的周期也不一样。

个人职业病防护用品主要包括防尘口罩、防毒面具、防护眼镜、防护耳罩（塞）、呼吸防护器和防辐射工作服等。水泥生产过程中接触的主要职业病危害因素及应配备的个人防护用品见表 5-7。

表 5-7　水泥生产过程中接触的主要职业病危害因素及应配备的个人防护用品

生产系统	岗位	职业病危害因素	应配备的个人防护用品
原料破碎系统	破碎机	石灰石粉尘、矽尘、其他粉尘、噪声	防尘口罩、耳塞
	堆料机	石灰石粉尘、矽尘、其他粉尘	防尘口罩
	取料机	石灰石粉尘、矽尘、其他粉尘	防尘口罩
	辅助原料上料	石灰石粉尘、矽尘、其他粉尘	防尘口罩
生料制备系统	配料站	石灰石粉尘、矽尘、其他粉尘、噪声	防尘口罩、耳塞
	生料磨	粉尘、噪声	防尘口罩、耳塞
	窑尾收尘器（废气处理）	粉尘、一氧化碳、二氧化硫、氮氧化物、噪声	防尘口罩、防毒口罩、耳塞
煤粉制备系统	原煤堆棚	煤尘	防尘口罩
	原煤破碎	煤尘、噪声	防尘口罩、耳塞
	原煤均化	煤尘、噪声	防尘口罩、耳塞
	煤磨	煤尘、噪声	防尘口罩、耳塞
熟料烧成系统	窑喂料	高温、粉尘、噪声	防尘口罩、耳塞、防强光、紫外线、红外线护目镜或面罩、隔热阻燃鞋、白帆布类隔热服、热防护服
	预热器	高温、粉尘、噪声	防尘口罩、隔热阻燃鞋、白帆布类隔热服、热防护服、耳塞
	回转窑	粉尘、噪声、高温、二氧化硫、氮氧化物	防尘口罩、防毒口罩、耳塞、防强光、紫外线、红外线护目镜或面罩、隔热阻燃鞋、白帆布类隔热服、热防护服
	箅冷机	粉尘、噪声	防尘口罩、耳塞、
	熟料库顶	粉尘、噪声	防尘口罩、耳塞
水泥粉磨系统	熟料库底（发货）	粉尘	防尘口罩
	配料站	石灰石粉尘、石膏粉尘、噪声	防尘口罩、耳塞
	水泥磨	水泥粉尘、噪声	防尘口罩、耳塞
	水泥包装	水泥粉尘、噪声	防尘口罩、耳塞
	水泥发散	水泥粉尘、噪声	防尘口罩
	水泥袋装付货	水泥粉尘	防尘口罩
	码头装卸	水泥粉尘	防尘口罩
	铁路装卸	水泥粉尘	防尘口罩
脱硝系统	脱硝	氨、噪声	防腐蚀液护目镜、耐酸碱手套、耐酸碱鞋、化学品防护服、耳塞
脱硫系统	脱硫	氢氧化钙、噪声	耳塞

生产系统	岗位		职业病危害因素	应配备的个人防护用品
余热发电系统	司炉		高温、噪声	防尘口罩,耳塞,防强光、紫外线、红外线护目镜或面罩,隔热阻燃鞋,白帆布类隔热服,热防护服
	汽机		高温、噪声	防尘口罩、耳塞
	水处理		硫酸、盐酸、氢氧化钠等,噪声	防腐蚀液护目镜、耐酸碱手套、耐酸碱鞋、化学品防护服、耳塞、防毒面具
	电气		噪声	耳塞
公辅系统	化验室	控制	粉尘、噪声	防尘口罩、耳塞
		物检	粉尘、噪声	防尘口罩、耳塞
		化学分析	硫酸、盐酸、硝酸、氢氟酸、氢氧化钠、氢氧化钾等	防腐蚀液护目镜、耐酸碱手套、耐酸碱鞋、化学品防护服、防毒面具、工作帽
		现场取样	粉尘、噪声	防尘口罩、耳塞
		荧光分析	电离辐射(X射线)	防放射性护目镜、防放射性手套、防放射性工作服
	电气	总降巡检	工频电场、噪声	带电作业屏蔽服、耳塞
	其他	空压机	噪声	耳塞
		循环水	噪声	耳塞
	检维修	维修工	砂轮磨尘、岩棉粉尘、其他粉尘、噪声	防尘口罩、耳塞、防振手套
		电焊工	电焊烟尘、锰及其无机化合物、一氧化碳、一氧化氮、二氧化氮、臭氧、噪声、紫外辐射	防尘毒口罩、焊接面罩

（陈晓光、黎海红）

第三节　煤矿开采业

一、行业特点

煤矿行业是我国主要的能源产业,采煤作业人员多达 800 万人,是国民经济的支柱产业。从事煤矿开采的企业包括不同规模、不同经济类型、不同生产方式的企业,经济发展的不平衡性、产业技术和管理模式的落后及人员素质不够高，使煤矿行业职业危害的发生率在我国众多产业中长期居高不下，职业危害严重。

煤矿工人易患的职业病主要有粉尘病、噪声聋、局部振动病、职业中毒和滑囊炎等。煤矿工人在岩石掘进和打眼放炮时，通过呼吸将二氧化硅吸入肺部，从而造成硅沉着病（矽肺）；在采掘过程中，吸入煤尘，就会造成煤工肺尘埃沉着病（尘肺）。煤矿工人在 80dB 以上的环境中持续一段时间（如井下掘进、打眼放炮、钻孔抽采瓦斯等作业），如果长期如此，就会导致噪声聋。此外，工人在工作中因机械振动还容易导致振动病；在长期的潮湿环境和跪地作业的情况下容易导致滑囊炎。对工作中的气体中毒（如一氧化碳中毒等）要高度重视，高温高湿的环境对人体也有损害。

二、 危险源与职业病危害因素

（一）主要危险源

煤矿开采大致分为露天煤矿开采和井工煤矿开采。露天煤矿煤层的地表覆盖层较浅，挖开地表层即可进行采煤，危险系数较低；井工煤矿煤层埋藏很深，必须掘进到地层中进行采煤，地下作业，危险系数高。

根据危险和有害因素的识别方法和识别过程，结合煤矿开采技术条件及生产工艺特点，煤矿开采业的危险源主要有以下 12 种。

（1）瓦斯危害　包括瓦斯窒息、瓦斯爆炸与瓦斯燃烧。

（2）水害　包括地表水害、地下水害。

（3）顶板危害　包括冒顶与片帮。

（4）提升运输危害　包括井筒、巷道提升，运输中发生的飞车、过卷、跳轨事故，造成人员被矿车撞击、挤压、碾压的伤害。

（5）电危害　包括触电（电击和电伤）、非正常停电（停风和停止排水）和雷电事故，不包括电气火灾。

（6）压力容器爆炸　指空压机的气缸、风包、管路、阀门等破裂或爆炸。

（7）火灾　矿井火灾主要有含碳固体可燃物火灾和电气火灾。

（8）中毒与窒息　包括中毒、缺氧（窒息、中毒性窒息）。

（9）爆破危害　指爆破作业中发生的伤亡事故。

（10）火药爆炸　指火药、雷管在运输、贮存中发生的爆炸事故。

（11）粉尘危害　因采掘、运输等作业过程产生粉尘而造成的危害。

（12）其他危险和有害因素　主要有机械伤害，灼烫，高处坠落，淹溺，振动，噪声，热害，照明、信号、标志缺陷，安全管理缺陷，劳动卫生缺陷，违章行为等。

煤矿开采业的重大危险源主要处于以下位置：①高瓦斯矿井；②煤与瓦斯突出矿井；③有煤尘爆炸危险性的矿井；④水文地质复杂的矿井；⑤煤层自然发火期小于6个月的矿井；⑥煤层冲击地压倾向为中等及以上的矿井。

（二）主要职业病危害因素

1. 露天煤矿开采

（1）生产工艺　露天煤矿开采生产工艺主要包括采掘场剥离和采掘场采煤两部分。

① 剥离。在预开采的岩石面利用凿岩机凿岩，用炸药进行爆破。爆破后由挖掘机剥离煤层覆盖物，利用单斗车运至排土场。露天煤矿在剥离时，主炸药通常选用硝酸铵类炸药，同时使用导爆管、毫秒雷管、瞬发雷管等。工艺流程见图 5-1。

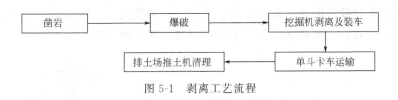

图 5-1　剥离工艺流程

② 采煤。在剥离工艺完成后，暴露出煤层，可直接利用挖掘机进行采煤工作。原煤由单斗卡车运至储煤场。若无法直接进行挖掘作业，可先进行爆破，爆破时主炸药通常选用硝酸铵类炸药。主要工艺流程见图 5-2。

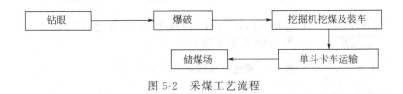

图 5-2　采煤工艺流程

（2）职业病危害因素　剥离工艺过程中，凿岩机、挖掘机、自卸卡车、推土机的运行主要产生矽尘和噪声；爆破过程主要产生矽尘、有毒气体（包括 CO、CO_2、NO_x、SO_2）、噪声。

采煤工艺过程中，凿岩机、挖掘机、自卸卡车的运行主要产生煤尘、噪声；爆破过程主要产生煤尘、有毒气体（包括 CO、CO_2、NO_x、SO_2）、噪声；凿岩机等的使用过程可能产生手传振动。

露天煤矿开采工作场所的主要职业病危害因素分布情况见表 5-8。

表 5-8　露天煤矿开采工作场所的主要职业病危害因素分布情况

工序	工作岗位/设备	职业病危害因素
采掘场剥离	凿岩	矽尘、噪声、手传振动
	剥离爆破	矽尘、CO、CO_2、NO_x、SO_2、噪声
	剥离物采装挖掘机、装载机、自卸卡车	矽尘、噪声、全身振动
	排土场推土机	矽尘、噪声、全身振动
采掘场采煤	凿岩	煤尘、噪声、手传振动
	开采爆破	煤尘、CO、CO_2、NO_x、SO_2、噪声
	煤层采装挖掘机、装载机、自卸卡车	煤尘、噪声、全身振动
	储煤场轮式装载机、推土机	煤尘、噪声、全身振动
	地磅房	煤尘

2. 井工煤矿开采

井工煤矿开采主要包括掘进及采煤工艺过程。

（1）掘进工艺流程及职业病危害因素分布　掘进指的是在煤矿上进行的巷道的开采与挖掘。普通掘进法的工序包括钻眼（孔）、爆破、通风、装运岩碴、支护及其他一些辅助工序，完成后将岩碴提升、输送至地面出库。

掘进职业病危害因素主要有粉尘、噪声、一氧化碳、二氧化碳、二氧化硫、硫化氢、一氧化氮、二氧化氮、氨、手传振动等，其分布见图 5-3。

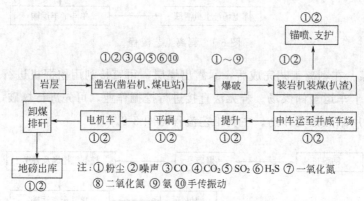

图 5-3　掘进职业病危害因素分布图

（2）采煤工艺流程及职业病危害因素分布　煤炭开采的一般工序为通过钻孔、放炮方式破煤，之后通过刮板机装煤，利用皮带、提升机等输送至地磅出库。

采煤职业病危害因素主要有粉尘、噪声、一氧化碳、二氧化碳、二氧化硫、硫化氢、一氧化氮、二氧化氮、氨、手传振动等，其分布见图 5-4。

（3）职业病危害因素　井工煤矿开采过程中可能产生的有害因素主要为粉尘、化学毒物和其他物理因素。其中粉尘包括煤尘、矽尘；化学毒物包括 CO、CO_2、SO_2、H_2S、NO_x、NH_3。CO、CO_2 主要来源于爆破工作、火灾、煤尘和瓦斯燃烧、煤矿自燃等；SO_2 主要来源于含硫矿物氧化和含硫矿物爆破；H_2S 主要来源

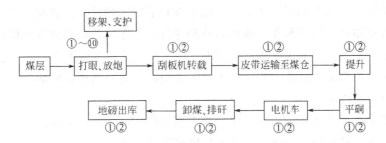

注：①粉尘 ②噪声 ③CO ④CO_2 ⑤SO_2 ⑥H_2S ⑦一氧化氮 ⑧二氧化氮 ⑨氨 ⑩手传振动

图 5-4 采煤主要职业病危害因素分布图

于有机质的腐烂、硫化物遇水分解、煤和岩体中涌出等；NO_x 主要来源于爆破、煤矿自燃、燃油车辆尾气；NH_3 主要来源于硝酸铵类炸药残爆后的分解物和有机物腐烂等。其他物理性有害因素主要为噪声和高温（地温梯度异常造成的地热危害）。

三、 常见的安全生产事故和职业病

（一） 常见的安全生产事故

1. 瓦斯爆炸

（1）瓦斯爆炸的特点 瓦斯爆炸的条件主要包括一定浓度的瓦斯、一定浓度的氧气与高温火源同时存在。

煤矿瓦斯爆炸事故有如下特点：①瓦斯爆炸多为大事故；②事故地点多发生在采煤与掘进工作面；③瓦斯爆炸造成的破坏波及范围大；④多为火花引爆；⑤高瓦斯矿井、低瓦斯矿井均有发生；⑥瓦斯爆炸多发生在乡镇煤矿；⑦基建、技改矿井和转制矿井瓦斯爆炸事故多发。

（2）瓦斯爆炸事故的防范 瓦斯爆炸事故的防范可分为预防爆炸和抑制爆炸。

预防爆炸主要有优化通风网络及通风系统，防止瓦斯积聚，进行瓦斯抽放，加强瓦斯浓度和火源监测，防止点火源的出现等；抑制爆炸主要采用隔爆抑爆装置，将瓦斯爆炸限制在一定范围内，从而减少人员伤亡和灾害事故所造成的损失。

① 煤矿瓦斯抽放技术。我国的煤矿高瓦斯和瓦斯突出矿井占总矿井数的46%。瓦斯抽放是减少矿井瓦斯涌出量、防止瓦斯爆炸和突出的治本措施，同时也是开发利用瓦斯能源、保护大气环境的重要手段。

为提高瓦斯抽放率，目前主要需解决长钻孔定向钻进技术，包括测斜、纠偏技术；提高单一低透气性煤层的抽放率；研制钻进能力更强的钻机具；完善和提高扩孔技术、排渣技术、造穴技术和封孔技术；开发新的瓦斯抽放技术及设备。

瓦斯抽放方法有本煤层抽放、邻近层抽放和采空区抽放等；抽放工艺有顺层长钻孔、大直径钻孔、地面钻孔、顶板岩石和巷道钻孔等。并研制出与之相配套的强力钻机及配套机具，如 MK 型长钻孔钻机和 ZSM 顺层强力钻机等。此外已研制出多种抽放泵及配套的监控系统和仪表等，大大提高了瓦斯抽放量和抽放率，使环境安全得到进一步改善。

利用多分支羽状适用技术，解决低渗煤层瓦斯治理问题，提高抽采率。

煤矿瓦斯治理也应该与煤层气产业化紧密结合起来。

② 矿井瓦斯浓度及火源监测技术。矿井瓦斯浓度及火源的实时自动监测对于防止瓦斯爆炸非常重要，当发现瓦斯异常或有火源产生，立即采取措施可防止爆炸事故的发生。我国目前开发了 KJ90、KJ92、KJ94、KJ95、KJ73、KJ66 等型号的矿井安全监控系统，以及各类检测传感器、报警仪和断电仪。已有多个安装了安全综合监控系统，并具有如下功能：矿井环境和工况参数实时监控、主要通风机在线监测、巷道火灾实时监测、矿井瓦斯抽放实时监测、冲击地压实时监测、煤与瓦斯突出实时监测、煤层自然发火实时监测、瓦斯爆炸或燃烧实时监测，以及矿井电网监测等。监控系统的安装，极大地提高了煤矿的安全管理自动化水平，避免了许多事故的发生。

③ 井下火源防治。对煤矿井下的爆破火花、电气火花、摩擦撞击火花、静电火花、煤矿自燃等火源都有一些相应的防治措施。除炸药安全性检验、电器防爆检验、摩擦火花检验外，还需防止火源与瓦斯积聚在同时、同地点出现，如放炮时检测瓦斯浓度，采用风电闭锁、瓦斯电闭锁等措施。另外应加强明火的管理，严格动火制度，消除引爆瓦斯的火源。

④ 优化通风网络及通风系统。合理可靠的通风系统是防止瓦斯事故和控制灾害扩大的重要措施，为此，瓦斯防治工程与采掘工程，必须同时设计，同时施工，同时投入使用。

⑤ 隔爆措施。矿井隔爆抑爆装置是控制瓦斯爆炸的最后一道屏障。当瓦斯爆炸发生后，依靠预先设置的装置可以阻止爆炸的传播，限制火焰的传播范围，主要有被动式隔爆棚和自动抑爆装置。

2. 煤（岩）与瓦斯突出

（1）煤（岩）与瓦斯突出的特点　煤矿地下采掘过程中，在极短的时间内（从几秒到几分钟），从煤、岩层内以极快的速度向采掘空间内喷出煤（岩）和瓦斯的现象，称为煤与瓦斯突出。它是另一类型的瓦斯特殊涌出，也是煤矿地下开采过程中的一种动力现象。它所产生的高速瓦斯流能够摧毁巷道设施，破坏通风系统，甚至造成风流逆转；喷出的瓦斯由几百到几万立方米，能使巷道充满瓦斯，造成人员窒息，引起瓦斯燃烧或爆炸；喷出的煤、岩由几千吨到万吨以上，能够造成煤流埋人；猛烈的动力效应可能导致冒顶和火灾事故发生。

突出的外部特征是：①突出的煤、岩在高压气流搬运过程中，呈现分选性堆积，即近处块度大，远处粒度小，堆积坡度小于煤的自然安息角；②突出过程中煤岩进一步粉碎，产生极细的粉尘，有时突出的堆积物好似风力填充一样密实；③突出空洞口小肚大，其轴线往往沿着煤层倾斜向上延伸，或与倾向线呈不大的夹角；④突出的相对瓦斯涌出量可以大于煤层的瓦斯含量。

（2）预防煤与瓦斯突出的防治　防突措施分为区域性防突措施和局部防突措施。

① 区域性防突措施。区域性防突措施主要有开采保护层和预抽瓦斯两种。开采保护层是预防突出最有效、最经济的措施。

在突出矿井中，预先开采并能使其他相邻有突出危险的煤层受到采动影响而减少或丧失突出危险的煤层称为保护层，后开采的煤层称为被保护层。保护层开采后，由于采空区的顶底板岩石冒落、移动，引起开采煤层周围应力重新分布，采空区上、下形成应力降低区，在这个区域内的开采煤层地压减少，弹性潜能缓慢释放；煤层膨胀变形，形成裂隙与孔道，透气性增加；煤层瓦斯涌出后，煤的强度增加。

对于无保护层或单一突出危险煤层的矿井，可以采用预抽煤层瓦斯作为区域性防突措施。这种措施的实质是，通过一定时间的预先抽放瓦斯，降低突出危险煤层的瓦斯压力和瓦斯含量，并由此引起煤层收缩变形、地应力下降、煤层透气系数增加和煤的强度提高等效应，使被抽放瓦斯的煤体丧失或减弱突出危险性。

② 局部防突措施。大型突出往往发生于石门揭开突出危险煤层时。所以石门揭开突出危险煤层，以及有突出倾向的建设矿井或突出矿井开拓新水平时，井巷揭开所有这类煤层都必须采取防止突出的措施，并专门设计。

局部防突措施主要有以下 8 种：松动爆破、钻孔排放瓦斯、水力冲孔、超前钻孔、金属骨架、超前支架、卸压槽、震动放炮。

3. 瓦斯喷出

（1）瓦斯喷出的特点　瓦斯喷出是指大量承压状态的瓦斯从煤、岩裂缝中快速喷出的现象。其特点是瓦斯在极短的时间内从煤、岩层的某一特定地点突然涌向采矿空间，而且涌出量可能很大，风流中的瓦斯突然增加。由于喷出瓦斯在时间上的突然性和空间上的集中性，可能导致喷出地点人员的窒息、高浓度瓦斯在流动过程中遇到高温热源有可能发生爆炸、有时强大的喷出还可以产生动力效应并导致破坏作用。

产生瓦斯喷出的原因是，天然的或因采掘工作形成的孔洞、裂隙内，积存着大量高压游离瓦斯，当采掘工作接近或打通这样的地区时，高压瓦斯就能沿裂隙突然喷出，如同喷泉一样。因此，根据喷瓦斯裂缝呈现原因的不同，可把瓦斯喷出分成地质来源的和采掘卸压形成的两大类。

喷出的瓦斯涌出量和持续时间，决定于积存的瓦斯量和瓦斯压力，从几立方米到几十万立方米，从几分钟到几年甚至几十年。瓦斯喷出前常有预兆，如风流中的瓦斯浓度增加或忽大忽小，嘶嘶的喷出声，顶底板来压的轰鸣声，煤层变湿、变软等。

（2）瓦斯喷出的防范　预防瓦斯喷出，首先要加强地质工作，查清楚施工地区的地质构造、断层、溶洞的位置、裂隙的位置和走向，以及瓦斯储量和压力等情况，采取相应的防范或处理措施。具体分为以下两种情况。

① 当瓦斯喷出量和压力不大时，黄泥或水泥砂浆等填充材料堵塞喷出口。井筒和巷道底板的小型喷出，多采用这种防范措施。

② 当瓦斯喷出量和压力较大时，在可能的喷出地点附近打前探钻孔，查明瓦斯的积存范围和瓦斯压力。如果瓦斯压力不大，积存量不多，可以通过钻孔，让瓦斯自然排放到回风流中。如果自然排放量较大，有可能造成风流中瓦斯超限，应将钻孔或巷道封闭，通过瓦斯管把瓦斯引排到适宜地点或接入抽放瓦斯管路，将瓦斯抽到地面。

4. 煤尘爆炸

（1）煤尘爆炸的特点　在矿井正常通风的情况下，具备以下三个条件即可发生煤尘爆炸。

① 煤尘本身具有爆炸性。

② 煤尘在空气中达到一定的浓度。煤尘是指煤的颗粒直径在 1mm 以下的粉煤，煤尘参与爆炸的主体是直径在 0.075arm 的煤尘。爆炸下限浓度为 45g/m³，爆炸上限浓度为 300～400g/m³。

③ 煤尘爆炸点燃热源。煤尘点燃温度为 650～990℃。在煤矿井下能点燃煤尘的热源有：放炮火焰（大量存在），电气设备产生的火花，电缆接头不良，电缆损坏产生的短路或撞击产生电弧、斜井跑车产生的摩擦火花，皮带堵转产生摩擦皮带着火，矿井内外因火灾、瓦斯燃烧或爆炸，以及炸药爆炸等。

煤尘爆炸可呈现"三高一多"的特点，即高温、高压、高速，产生大量一氧化碳。产生高温：煤尘爆炸按理论计算，产生温度高达 2300～2500℃。产生高压：理论压力为 7.5kg/cm²，且距爆源越远压力越大、破坏越严重的特点。形成高速：化学方法计算爆炸波速度高达 1120m/s，按理论计算最大速度为 2340m/s。在一般情况下，爆炸后的巷道空气中的 CO 是造成矿工大量死亡的主要原因。

（2）煤尘爆炸的防范

① 减少生产中煤尘的发生量和浮尘量

a. 喷雾洒水。在采掘工作面、井下煤仓、溜煤眼、翻笼处、输送机头、装车站等井下能产生煤尘的地点，均应设置喷雾洒水装置。为机采工作面的采煤机配有专门洒水装置。同时，对井下巷道，还要定期清扫，冲洗巷帮、井壁的煤尘。因为这些地方沉积的煤尘如果重新飞扬在空气中，可以迅速达到爆炸下限的浓度，也是许多局部性事故迅速扩大的主要原因。

b. 煤层注水。煤层注水是在尚未采动的煤体中，利用钻孔注入压力水，使水渗入煤体的层里、节理等微小空隙中，将煤体预先湿润，从而减少或消除在开采、运输过程中煤尘的生成和飞扬。

c. 水炮泥。在炮眼内（炸药和炮泥之间）空隙充入盛水的塑料袋，爆破时水被汽化结成雾滴，可使尘粒湿润，结团而起到降尘作用。

d. 加强通风管理，严格控制采、掘工作面的风速，防止煤尘的飞扬。

② 防止煤尘引燃。为防止电火花和其他明火引燃煤尘，井下电气设备一定要选用防爆型，电缆接头不许有鸡爪子、羊尾巴和明接头。井下禁止使用电炉子，职工禁止携带烟草、点火工具等，严格井下火险管理。

为防止放炮时引燃煤尘，井下要使用安全炸药，打眼、装药、封泥必须按规程要求进行，禁止放糊炮。

③ 采取隔爆措施，限制煤尘爆炸范围扩大。主要采用岩粉棚或水槽隔爆，阻止煤尘爆炸时火焰传播。

④ 抓好隐患排查治理。煤矿企业要坚持"安全第一、预防为主、综合治理、总体推进"的原则，落实有关安全生产的方针政策、法律法规和企业安全规章制度，抓好安全现场管理，及时排查事故隐患，把事故消除在萌芽状态。对违反的单位和责任人，要认真调查、严肃处理，可以起到警示教育，预防事故的发生，保护广大矿工人身安全的作用。

5. 煤矿火灾事故

（1）煤矿火灾事故的特点　矿井火灾分为外因火灾与内因火灾两种，内因火灾若处理不当也可诱发为外因火灾。矿井外因火灾具有突发和严重的灾难性。

任何矿井火灾的发生与发展都必须具备三个条件：可燃物、引火火源、燃烧所需要的氧气。从引起矿井外因火灾的三个条件来看，可燃物（煤矿）和氧气供给两个条件是不可能消除，所以防止外因火灾的发生，只有注意引火火源这一个条件。只要杜绝引火火源，就能够防止外因火灾的发生。

煤矿自燃发展过程中有三个必要的因素：煤的自燃倾向性、有连续供氧的条件、热量易于集聚。煤矿自燃过程具有三个阶段，即潜伏期（低温氧化阶段）、自燃期、着火期（自燃阶段）。从煤矿自燃的三个因素和三个阶段发现，连续供氧的条件是引起自燃的主要原因，它是使煤不断氧化而温度递增的主要因素，因为煤的自燃倾向性是固有无法改变的条件。所以在了解自燃火灾发生的过程及特性的前提下，准确地对自燃火灾的预报、对自燃火灾火源的判断，对制订减灾、抗灾等决策措施无疑具有重大的支持作用。

（2）煤矿火灾的防范　预防火灾发生有两个方面：一是防止火灾产生；二是防

止已发生火灾事故扩大，以尽量减少损失。

① 外因火灾的防范

a. 防范失控的高温热源产生。按《煤矿安全规程》及其执行说明要求严格对高温热源、明火和潜在的火源进行管理。

b. 尽量不用或少用可燃材料。不得不用时，应与潜在热源保持一定的安全距离。

c. 防止产生机电火灾。

d. 防止摩擦引燃。

e. 防止高温热源和火花、可燃物相互作用。

② 内因火灾的防范

a. 减少火灾隐患，预防煤矿自燃。在开采技术方面，要正确地选择矿井的开拓方式，采煤方法和开采程序，合理布置采区，以提高开采有自然发火危险煤层的矿井防火能力。

b. 要选择合理的通风方式，正确设置控制风流动的设施，采取均压防火措施，加强通风防火管理等，以减少漏风，这是防止煤矿自然发火的有效措施。

c. 掌握自然发火征兆，及时进行发火的预测报告，把自然发火消灭在"萌芽"阶段。

d. 对采掘生产过程中，遗留下的各种发火隐患要及时处理，如加强"三道"的维修、加强对废旧巷的处理、及时充填煤巷、及时处理高温火点等。

e. 通过提前对煤样进行实验研究，尽快地掌握煤的自然发火期及一些特性参数，用于预防。一旦井下发生火灾，最先发现的人员应尽可能直接灭火，尽量控制火势的发展，并要立即报告矿调度室，说明事故的地点、性质和范围等情况。如果现场人员无力扑救、人身安全又受到威胁时，在弄清火情下，灾区人员要迅速撤离或就近尽快撤入避难室，进行自救或等候救护。

③ 防范火灾蔓延的措施。限制已发生火灾的扩大和蔓延，是整个防火措施的重要组成部分。火灾发生后，利用已有的防火安全设施，把火灾限制在最小的范围内，然后采取灭火措施将其熄灭，对于减少火灾的危害和损失是极为重要的。其措施有：在适当的位置建造防火门，防止火灾事故扩大；每个矿井地面和井下都必须设立消防材料库；每一矿井在地面设置消防水池，在井下设置消防管路系统；主要通风机必须具有反风系统或设备，并保持其状态良好。

6. 煤矿水灾事故

(1) 水灾事故的特点　煤矿水灾事故发生的原因，归纳起来，主要有以下两方面共 45 种因素。

① 人为方面。井口设计标高低于历史最高洪水位；未筑拦水坝；拦水坝因质量问题遇洪水溃决；开采井筒保护煤柱；井筒施工质量有问题；未按规程进行探放

水工作；虽做探水工作但不准确；防水闸门失效；预计涌水量严重偏小；排水能力偏小；水泵坏；停电或电压不足；越界开采，回采防水煤柱；防水煤柱设计不合理；缺乏防治水知识；疏水系统未清理好；未派专人查看；放煤水安全距离不够；未告知相关作业人员；无安全措施；安全措施未落实；防水密闭未做好水压观测；防水密闭设计不合理；防水密闭施工质量不好；探水孔口装置不合格；未装孔口装置；钻孔封闭不良；未进行启封孔检查。

② 客观方面。遇暴雨引发洪水；松散层含水丰富；断层导通顶、底板含水层；陷落柱导通顶、底板含水层；顶、底板含水层含水丰富；防水煤柱受采动影响破坏；断层发育；顶板裂隙发育；地表岩溶发育；老窑多且位置不清；采空区积水或积水泥浆；隔离煤柱小；隔离煤柱受破坏；煤仓内大量进水；给煤机吊架破坏；采空区有浮煤；钻孔穿过含水层。

各矿区发生水灾事故的主导因素不一，事故类型也不同，但总体来看，工作面（包括掘进和回采）透水事故是煤矿最易发生的水灾事故，也是发生事故后，最容易发生人员伤亡的事故。

（2）水灾的防治

① 重视矿井防治。矿井随着开采时间的推移，开采范围和开采深度的不断延伸，采空面积的不断增加，与周边小煤矿开采关系的恶劣变化，各种安全隔离煤柱、隔水煤柱被不断开采破坏，私挖乱采对露头煤和风氧化带隔水地层的破坏，地层导水通道的大量增加，水力联系的范围也在不断扩大。这些因素造成矿井水文地质条件由当初的相对简单变得日趋复杂。但矿井决策层和管理层仍把其当作简单类型对待，稍有麻痹大意，水灾淹井事故就可能发生。矿井管理层应认清矿井水文地质条件的复杂性，重视矿井防治水安全工作。

② 建立观测系统　生产矿井必须分水平、分采区建立水文观测站，并按规定时间进行观测。对观测数据进行定性、定量综合分析，及时掌握水文地质动态变化情况。对有水患的地方、及时进行预报和向上级有关部门汇报，提出合理处理意见和制订有效防治措施。

③ 做好预报工作。矿井必须做到年度有水情、水患分析预报，月度有水情、水患分析预报，以及在特殊情况下有水文地质预报。预报过程中应加强采掘工程与地表水体（水库、河流等）的水力联系分析，加强生产地点与浅部积水采空区和上覆煤层积水采空区的水力联系分析，加强工作面与相连煤矿的积水分析，加强工作面与地面废弃老窑积水情况的水力联系分析，对生产地点的水害隐患逐一排查，从而做出准确可靠的预测预报。

④ 合理使用人才　将一些懂得防治水技术、工作踏实成熟、经验丰富、责任心强、德才兼备的专业技术人员推向有关领导岗位，使他们分兵把关，确保矿井水灾事故消灭在萌芽状态之中。

7. 煤矿顶板事故

（1）顶板事故的特点　顶板事故一般是在局部矿山压力（多为直接顶或伪顶）的作用下，由于局部空帮、空顶，或支护不当、不及时支护，造成煤、岩局部垮落而造成局部冒顶；或由于矿山压力过大，导致支架断裂、垮塌，使采、掘、维修工作面顶板大面积垮落而造成大冒顶。具体原因如下。

① 采空区顶板垮落不好，悬顶面积大。

② 回柱操作顺序不合理，如先回承压柱，引起周围破碎顶板的冒落，或大块岩石推倒支柱，使临近破碎顶板失去支托而造成局部冒顶。

③ 工作面支护质量不好，支架密度不够。木支架、棚腿、顶梁以及点柱的坑木尾径太小。初撑力不足。

④ 在遇到特殊地质构造（如断层、褶曲、顶板松软、破碎等）时，没有采取针对性的有效措施也易造成局部冒顶。

⑤ 开采深度、煤层倾角、水、开采方式断面大小等都会影响顶板的稳定性。防止放炮倒棚子，炮眼要布置合理，装药量适宜。

⑥ 时间的影响。围岩暴露时间长会因风化、变形及水的作用降低强度，而引起破坏、冒顶。

⑦ 管理上的原因，违章作业，不坚持敲帮问顶、空顶作业等均会导致冒顶。

（2）顶板事故的防治

① 及时支护，不空顶作业。坚持使用超前探梁。锚喷巷道放炮之后，进行初喷砼或打锚杆，作为临时支护，减少空顶时间。联合支护要保证质量，锚杆要穿透岩层，垂直打入，使锚固力达到设计要求。对采煤工作面，空顶距要符合作业规程规定，移溜后支柱要及时架设。打好临时支柱、托棚。工作面的上、下安全出口及上下顺槽的超前支护要及时，回临时柱要先支后回。发现支架有断梁坏柱，要及时更换并运出。顶、帮要背严、背实，对漏顶、片帮地段更应加强支护。

② 合理装药、放炮。放炮地点附近的支架要加强支护。炮眼的布置方式、深度、角度、位置合理，装药量适当。一次放炮数量和炮眼长度符合设计和作业规程要求，只有这样，放炮才不至于崩坏工作面设备和支架而引起冒顶事故。

③ 措施得力，严格执行。制订安全措施要抓住重点，切实可行，并能根据现场情况变化及时修订、补充措施。特别是顶板管理，措施部分要行之有效，既要有经验数据，又要有科学依据，达到既经济又合理的目的。遇到工作面来压或地质变化时，及时采取相应的加强措施并迅速落实。

④ 正规循环作业。坚持正规循环作业是预防冒顶的一项重要措施。如果工作面推进（掘进）速度缓慢，顶板裸露时间长，压力容易集中，支架受力大且不均匀。当顶板压力超过支架支撑力时，就会发生变形、下陷或压死，支撑作用迅速下降，造成片帮、冒顶事故。坚持正规循环作业，顶板裸露时间短，顶板压力小，支

架不易变形、损坏，可以有效地避免顶板事故的发生。

⑤ 落实规章制度。为实现安全生产，要建立健全各项规章制度，对违反制度人员认真组织分析，减少或杜绝顶板事故发生。具体制度如下。

a. 交接班制度。所有工种现场交接班，特别是本班遗留工程中注意事项及不安全因素一定要向下一班交代清楚。

b. 验收制度。每班由队长对当班工程质量、安全状况及落实安全措施情况进行验收、评估。对存在的问题提出解决方法并限期整改。

c. 敲帮问顶制度。工作前和工作中坚持敲帮问顶，对地质变化地点及压力集中区次数要增多，一旦发现不安全因素立即处理。

d. 顶板情况分析制度。定期或不定期召开顶板情况分析会，总结推广顶板经验，指出存在的不足及采取的预防措施。

e. 掌握顶板活动规律，采取针对性措施。大力开展顶板观察工作，掌握顶板活动规律，做好顶板来压预报。从一些顶板事故经验以及实际现场观察中发现，绝大部分顶板事故在发生之前是有明显预兆的。事实上，组织开展矿压监测管理工作，掌握片帮冒顶预兆的规律，进行顶板活动的预测预报，超前采取有效的预防措施，进行加强支护，可以达到减少冒机事故和避免人身伤亡事故，并能减少因事故造成的损失。

f. 其他方面制度。如岗位责任制度、梁柱检查制度，事故分析制度等。

（二）常见的职业病

煤矿开采生产过程中的职业病危害因素会对人体健康产生一定影响，严重时可导致职业病。主要职业病危害因素对人体健康的影响及可能产生的职业病见表5-9。

表 5-9　主要职业病危害因素对人体健康的影响及可能产生的职业病

序号	有害因素	对人体健康的影响及临床表现	可能导致的职业病
1	煤尘	在生产过程中长期吸入煤尘,可在肺组织内沉积形成煤尘细胞灶、灶周肺气肿、肺间质纤维增生和肺淋巴结肿大等病理改变	煤工肺尘埃沉着病
2	矽尘	在生产过程中长期吸入矽尘,可引起以肺组织纤维化为主的疾病,即矽肺。患者病状为胸闷、气短、咳嗽,X射线胸片表现为圆形或不规则小阴影、大阴影,胸膜粘连增厚、肺气肿、肺门改变等	硅沉着病
3	二氧化碳	当人体吸入空气中二氧化碳占3%时,会血压升高、脉搏增快、听力减退,对体力劳动耐受力降低;吸入空气中二氧化碳达5%、吸入30min时,呼吸中枢受刺激,轻微用力后会感到头痛和呼吸困难;吸入空气中二氧化碳占7%～10%时,数分钟即可使人意识丧失;更高浓度时,可导致窒息死亡	急性中毒

序号	有害因素	对人体健康的影响及临床表现	可能导致的职业病
4	一氧化碳	短时间内吸高浓度的一氧化碳可致急性中毒。 a. 轻度中毒:出现剧烈的头痛、头昏、四肢无力、恶心、呕吐,出现轻至中度意识障碍。血液中的一氧化碳血红蛋白(HbCO)浓度可高于10% b. 中度中毒:除上述症状外,出现浅至中度昏迷,经抢救恢复后无明显并发症。血液 HbCO 浓度可高于30% c. 重度中毒:出现深昏迷或去大脑皮层状态。可并发脑水肿、休克或严重的心肌损害、肺水肿、呼吸衰竭、上消化道出血、脑局灶损害(如锥体系或锥体外系损害)。血液 HbCO 浓度可高于50% d. 急性一氧化碳中毒后发症:急性一氧化碳中毒意识障碍恢复后,经2~60d 的"假愈期",可出现神经、精神症状。如精神异常、神经症状及锥体外系症状等,称为急性一氧化碳中毒后发症	一氧化碳中毒
5	二氧化硫	吸入高浓度二氧化硫,主要引起眼部及呼吸道的刺激症状,如流泪,鼻、咽、喉部烧灼感及疼痛,轻者可有剧烈咳嗽、心悸、气短,严重者发生支气管炎、肺炎、肺气肿,甚至呼吸中枢麻痹;长期接触低浓度二氧化硫,可引起嗅觉、味觉减退甚至消失,以及头痛、乏力、牙齿酸蚀、慢性鼻炎、咽炎等	急性中毒
6	硫化氢	硫化氢是一种神经毒物,亦为窒息性和刺激性气体。主要损伤中枢神经系统和呼吸系统,亦可伴有心脏等多器官损害 急性硫化氢中毒可分为三级 a. 轻度中毒:表现为眼刺痛、异物感、畏光、流泪、咽喉干、流涕、咳嗽、鼻咽部灼热感、轻度头痛、头晕、乏力、恶心、呕吐等症状,检查可见眼结膜充血、肺部干性啰音 b. 中度中毒时,立即出现明显头痛、头晕、乏力、恶心、共济失调等症状 c. 重度中毒表现为明显的中枢神经系统症状,首先出现头晕、心悸、呼吸困难、行动迟钝,继而出现烦躁、意识模糊、呕吐、腹泻、腹痛和抽搐,迅速进入昏迷状态,最后可因呼吸麻痹而死亡	急性或慢性中毒
7	氮氧化物	氮氧化物引起肺水肿为迟发性病变,潜伏期为 6~72h a. 轻度中毒:经一定潜伏期后,出现胸闷、咳嗽、咳痰,可伴有轻度头晕、头痛、无力、心悸、恶心等症状 b. 中度中毒:除上述症状外,可有呼吸困难、胸部紧迫感、咳嗽加剧、咳痰或咳血丝痰、轻度发绀 c. 重度中毒:咳嗽加剧,咳大量白色或粉红色泡沫样痰,呼吸窘迫,明显发绀;有的可并发较重度的气胸、纵隔气肿或出现窒息	氮氧化物中毒
8	甲烷	甲烷本身对人体无害,当其在煤矿井下的空气中浓度过高时,可使人体吸入的氧含量下降,从而使人体因缺氧引起窒息损伤	窒息

序号	有害因素	对人体健康的影响及临床表现	可能导致的职业病
9	噪声	长期接触比较强烈的噪声可引起听力损伤,表现为暂时性听阈位移、永久性听阈位移,直至噪声性耳聋 a. 对神经系统的影响:可出现头痛、头晕、心悸、睡眠障碍、全身乏力、记忆力减退、情绪不稳定等神经衰弱综合征 b. 对心血管系统的影响:早期可表现为心率加快或减慢,长期接触较强噪声可引起血压升高 c. 对其他系统的影响:可引起免疫功能降低、胃肠功能紊乱及人体脂代谢障碍等	噪声聋
10	手传振动	a. 对神经系统的影响:手传振动首先引起末梢神经改变,常以多发性末梢神经炎的形成出现,呈现"手套"型感觉障碍。手麻、手痛、手胀、手僵、手多汗、手无力等往往是较早出现的症状,同时还可出现肢体末端感觉减退,甚至痛觉消失 手传振动可引起自主神经功能紊乱,表现为睡眠障碍、食欲减退、指甲松脆、营养障碍及手汗、手颤等,进而影响内脏器官的功能 b. 对循环系统的影响:手传振动可引起外周循环及其调节功能障碍。早期可出现手部特别是手指皮肤温度降低,冷水负荷试验或振动时间延长;晚期还可引起末梢血管的器质性变化,导致手传振动病,典型表现为发作性手指变白 c. 对骨-关节系统的影响:手传振动可导致骨和关节发生改变,骨骼病变多发生在指骨、掌骨、腕骨和肘关节。X射线检查可见骨质增生、骨皮质增厚、爪粗隆肥厚、骨质疏松、空泡形成、囊样变、骨岛形成、骨关节变形的影像	手臂振动病
11	紫外辐射	电焊操作过程中,产生的紫外线辐射对人体危害的主要表现为眼部损伤,可以导致电光性眼炎,即紫外线辐射性角膜结膜炎。轻症患者仅有眼部异物感或轻度不适,重症患者有眼部烧灼感和剧痛,并伴有高度畏光、流泪和睑痉挛。急性症状可持续 6～24h,但几乎所有不适症状会在 48h 内消失。长期重复的紫外线照射,可引起慢性睑缘炎和结膜炎,结膜失去弹性和光泽,色素增生 电焊操作过程中产生的紫外线辐射可导致紫外线白内障,还可导致职业性电光性皮炎,主要表现为暴露部位的皮损。轻者表现为界限清楚的水肿性红斑,有灼热及刺痛感;重者除上述症状外,可发生水疱或大疱,甚至表皮坏死,疼痛剧烈	电光性眼炎、紫外线白内障、职业性电光性皮炎

序号	有害因素	对人体健康的影响及临床表现	可能导致的职业病
12	高温热辐射	高温、热辐射可引起中暑。中暑可分为热射病、热痉挛、热衰竭。 　人在高温环境中从事劳动,机体不同器官、系统的功能发生相应的生理性变化。主要为体温调节、水盐代谢、循环、消化、神经、泌尿等系统的适应性变化。若在高温环境中,劳动强度大、持续时间长,致使机体散热机制障碍,或当周围环境超过人体表面温度(34℃)时,极有发生中暑的可能 　中暑从发病机理可分为以下三种类型 　a. **热射病**:因人在高热环境下,散热途径受阻,体温调节机制紊乱所致。表现为高温环境中突然发病,体温可达 40℃ 以上,开始时大量出汗,而后无汗,伴有干热和意识障碍、嗜睡、昏迷等中枢神经系统症状 　b. **热痉挛**:由于大量出汗,体内钠、钾过量丢失所致。主要表现为明显的肌肉痉挛,伴有收缩痛。患者神志清醒,体温多正常 　c. **热衰竭**:在高温、高湿环境下,皮肤血流增加,不伴有内脏血管收缩或血容量的相应增加,不满足有效代偿,导致脑部暂时供血减少而晕厥。一般起病迅速,先有头昏、头痛、心悸、出汗、恶心呕吐、皮肤湿冷、面色苍白、血压短暂下降,继而晕厥,体温不高或稍高,通常休息片刻即可清醒	热射病、热痉挛、热衰竭

四、安全设施

（一）井工煤矿开采安全设施

1. 矿井开拓与开采

（1）专用回风井　高瓦斯矿井、有煤（岩）与瓦斯（二氧化碳）突出危险的矿井必须设专用回风井。

（2）井筒　必须按规定留设井筒保护煤柱,平硐、石门、大巷及上下山等主要井巷应按规定留设保护煤柱。

（3）安全出口　采用中央式通风系统的新建和改扩建矿井,当井田一翼走向较长时,设计应规定井田边界附近的安全出口。

（4）压风自救系统　矿井必须设置有供给压缩空气设施的避灾硐室或压风自救系统,空气压缩机必须设置在地面。

（5）缓冲砂箱隔墙　井下爆炸材料库房和外部巷道之间,必须用 3 条互成直角的连通巷道相连。连通巷道的相交处必须延长 2m,断面积不得小于 $4m^2$；在连通巷道尽头,还必须设置缓冲砂箱隔墙,不得将连通巷道的延长段兼作辅助硐室使用。库房两端的通道与库房连接处必须设置齿形阻波墙。

（6）安全支护　采煤工作面所有安全出口与巷道连接处 20m 范围内,必须加强支护，工作面两端必须使用端头支架或增设其他形式的支护。

（7）矿山压力观测仪器 按观测内容分为：采煤工作面和巷道支柱（架）工作阻力观测仪器、顶底板相对移近量和巷道围岩表面位移观测仪器、岩体内部原岩应力和附加应力观测仪器、围岩深部位移观测仪器、矿山动力现象观测仪器等。按其工作原理分为：机械式、液压式、振弦式、电阻应变式、声波法、光学法及其他物理方法（如电磁波、同位素射线等）。矿山压力观测仪器设备应符合《矿井通风安全装备标准》的规定。

2. 矿井通风设施

有煤与瓦斯突出危险的矿井、高瓦斯矿井、煤层易自燃的矿井及有热害的矿井，应采取分区式或对角式通风。

（1）矿井通风系统

① 主通风机。多风机通风时，在满足风量按需分配的原则下，各主通风机的工作风压应接近。

② 回风巷。高瓦斯矿井、有煤（岩）与瓦斯（二氧化碳）突出危险矿井的每个采区和开采容易自燃煤层的采区，必须设置至少 1 条专用回风巷；低瓦斯矿井开采煤层群和分层开采采用联合布置的采区，必须设置 1 条专用回风巷。

（2）双风机局部通风 掘进巷道必须采用矿井全风压通风或局部通风机通风。高瓦斯矿井、煤与瓦斯突出矿井巷道掘进通风要配备双风机、双电源。煤巷、半煤岩巷和有瓦斯涌出的岩巷的掘进通风方式应采用压入式，不得采用抽出式（压气、水力引射器不受此限）。

（3）主要硐室通风系统

① 井下爆炸材料库必须有独立的通风系统，回风风流必须直接引入矿井的总回风巷或主要回风巷中。必须保证爆炸材料库每小时能有其总容积 4 倍的风量。

② 井下充电室必须有独立的通风系统，回风风流应引入回风巷。在同一时间，井下充电室内 5t 及其以下的电机车充电电池的数量不超过 3 组、5t 以上的电机车充电电池的数量不超过 1 组时，可不采用独立的风流通风，但必须在新鲜风流中。

③ 井下机电设备硐室应设在进风风流中。采区变电所必须有独立的通风系统。

（4）井下通风设施及构筑物布置 进回风井之间和主要进回风巷之间的每个联络巷中，必须砌筑永久性风墙；需要使用的联络巷中，必须安设两道联锁的正向风门和两道反向风门；不应在倾斜运输巷中设置风门；开采突出煤层时，工作面回风侧不应设置风窗。

（5）通风设备设施

① 主通风机必须安装在地面；装有通风机的井口必须封闭严密，其外部漏风率在无提升设备时不得超过 5%，有提升设备时不得超过 15%。

② 通风安全检测仪表。矿井必须有足够数量的通风安全检测仪表。仪表必须

由国家授权的安全仪表计量检验单位进行检验。矿井使用的通风检测仪表的种类较多，如温度计、湿度计、风表（风速计）、气压计、瓦斯检测仪、一氧化碳检测仪、氧气检测仪等。

③ 必须安装两套同等能力的主要通风机装置，其中一套作备用。备用通风机必须能在 10min 内开动。

④ 装有主要通风机的出风井口应安装防爆门。

⑤ 矿井反风设施和反风量必须符合有关规定。

3. 瓦斯灾害防治设施

（1）防突仪器及装备　主要包括：瓦斯压力测定仪、瓦斯放散初速度测定仪、突出危险预报仪、瓦斯含量和成分测定仪、防突钻机等。突出矿井应优先采取开采保护层和预抽瓦斯等区的域防突措施，对突出危险区和突出威胁区的回采工作面和掘进工作面，必须严格采取"四位一体"综合防突措施。

（2）瓦斯抽放系统　瓦斯抽采应采用地面永久抽放瓦斯系统，并确定管路铺设方案、泵站设置。

矿井总回风巷或一翼回风巷的瓦斯或二氧化碳浓度不得超过 0.70％；采区回风巷、采掘工作面回风巷风流中，瓦斯浓度不得超过 1.0％、二氧化碳浓度不得超过 1.5％。

（3）甲烷传感器　专用排瓦斯巷内必须安设甲烷传感器，甲烷传感器应悬挂在距专用排瓦斯巷回风口 15m 处。当甲烷浓度达到 2.5％时，能发出报警信号并切断工作面电源，工作面必须停止工作，进行处理。

（4）瓦斯等有害气体检测报警仪　矿井必须建立瓦斯、二氧化碳和其他有害气体检查制度。

（5）隔（抑）爆设施　高瓦斯矿井煤巷掘进工作面应安设隔（抑）爆设施。

4. 粉尘防治

（1）防尘供水系统　矿井必须建立完善的供水防尘系统。综合防尘措施可归纳为两个方面：一是减少煤尘发生量的防尘措施，这是综合防尘的治本措施，主要包括煤层注水、水炮泥、湿式打眼等；二是降低浮尘浓度的除尘措施，主要包括爆破喷雾、转载喷雾洒水、采掘机内外喷雾、装载洒水、冲洗煤壁、风流净化水幕等，从而使已经产生的煤尘迅速沉降，减少煤尘飞扬的数量与时间。

（2）隔爆设施　主要是指隔爆水幕、隔爆水棚或岩粉棚、自动式隔爆棚等设施，不含巷道撒布岩粉、洒水、清洗积尘等隔爆措施。开采有煤尘爆炸危险煤层的矿井，必须有预防和隔绝煤尘爆炸的措施。矿井的两翼、相邻的采区、相邻的煤层、相邻的采煤工作面间，煤层掘进巷道同与其相连的巷道间，煤仓同与其相连通的巷道间，以及采用独立通风并有煤尘爆炸危险的其他地点同与其相连通的巷道间，必须用水棚或岩粉棚隔开。

5. 水防治

（1）地面防水设施系统

① 修筑堤坝、沟渠。井口及工业场地内建筑物的高程低于当地历年最高洪水位时，必须修筑堤坝、沟渠或采取其他防排水措施。

② 排洪站排水。矿区内易积水的地点应修筑沟渠，排泄积水。特别低洼地点不能修筑沟渠排水时，应填平压实；范围太大无法填平时，可建排洪站排水，防止积水渗入井下。

③ 孔口盖。使用中的钻孔，必须安装孔口盖，报废的钻孔必须及时封孔。钻孔由地面到井下穿透各含水层，是地表水和地下水的人工通道。为了防止地表水和地下含水层进入矿井必须对钻孔进行处理。

（2）井下水防治设施系统

① 防水煤柱。矿井防排水设施、防水安全煤（岩）柱留设应符合安全设施设计规定。主要排水设施应做全负荷运转试验。

② 建立地下水动态观测系统。进行地下水动态观测和水害分析是了解井田主要补给水源、补给方式和途径的主要方法，采取井上、井下相结合的方式，对各含水层建立长期水位动态观测网，掌握各含水层的动态变化规律，研究各含水层的补给关系，以便制订防治水综合措施。

③ 疏排水系统。顶板有含水层和水体存在时，应当观测"三带"发育高度。当导水裂隙带范围内的含水层或老空积水影响安全开采时，必须超前探放水并建立疏排水系统。

④ 防水闸门。承压含水层不具备疏水降压条件时，必须采取建筑防水闸门、注浆加固底板、留设防水煤柱、增加抗灾强排能力等防水措施。

⑤ 井下排水系统

A. 水泵。必须有工作、备用和检修的水泵。工作水泵的能力，应能在 20h 内排出矿井 24h 的正常涌水量（包括充填水及其他用水）。

B. 水管。必须有工作和备用的水管。工作水管的能力应能配合工作水泵在 20h 内排出矿井 24h 的正常涌水量。

C. 配电设备。应同工作、备用及检修水泵相适应，并能够同时开动工作水泵和备用水泵。有突水淹井危险的矿井，可另行增建抗灾强排能力泵房。

6. 电气

（1）备用电源　矿井应有两回路电源线路。当任一回路发生故障停止供电时，另一回路应能担负矿井全部负荷。年产 60000t 以下的矿井，采用单回路供电时，必须有备用电源；备用电源的容量必须满足通风、排水、提升等的要求。

（2）防雷电装置　井上、井下必须装设防雷电装置，并遵守下列规定。

① 经由地面架空线路引入井下的供电线路和电机车架线，必须在入井处装设

防雷电装置。

② 由地面直接入井的轨道及露天架空引入（出）的管路，必须在井口附近将金属体进行不少于两处的良好集中接地。

③ 通信线路必须在入井处装设熔断器和防雷电装置。

（3）两回路电源线路　矿井应有两回路电源线路。当任一回路发生故障停止供电时，另一回路应能担负矿井全部负荷。主要通风机、提升人员的立井绞车、抽放瓦斯泵等主要设备房，应有两回路直接由变（配）电所供电线路；受条件限制时，其中的一回路可以引自上述同种设备房的配电装置。

（4）应急照明设施　主通风机房、瓦斯抽放站、提升机房、压缩空气机站、变电所、矿调度室等必须设有应急照明设施。

（5）电气防爆设备　选用的井下电气设备，应符合表 5-10 的要求。普通型携带式电气测量仪表，必须在瓦斯浓度 1.0% 以下的地点使用，并实时监测使用环境的瓦斯浓度。设计选用的井下电气设备，必须具有"煤矿矿用产品安全标志"。

表 5-10　井下电气设备选用规定

类别 \ 使用场所	煤（岩）与瓦斯（二氧化碳）突出矿井和瓦斯喷出区域	瓦斯矿井				
		井底车场总进风巷主要进风巷		翻车机硐室	采区进风巷	总回风巷、主要回风巷、采区回风巷、工作面和工作面进回风巷
		低瓦斯矿井	高瓦斯矿井			
高低压电机和电气设备	矿用防爆型（矿用增安型除外）	矿用一般型	矿用一般型	矿用防爆型	矿用防爆型	矿用防爆型（矿用增安型除外）
照明灯具	矿用防爆型（矿用增安型除外）	矿用一般型	矿用防爆型	矿用防爆型	矿用防爆型	矿用防爆型（矿用增安型除外）
通信、自动化装置和仪表、仪器	矿用防爆型（矿用增安型除外）	矿用一般型	矿用防爆型	矿用防爆型	矿用防爆型	矿用防爆型（矿用增安型除外）

（6）单相接地保护装置　井下中央变电所的高压馈电线上，必须装设有选择性的单相接地保护装置；供移动变电站的高压馈电线上，必须装设有选择性的动作于跳闸的单相接地保护装置。

（7）通信安全设施　主副井绞车房、井底车场、运输调度室、采区变电所、上下山绞车房、水泵房、带式输送机集中控制硐室等主要硐室和采掘工作面，应安装电话。井下主要水泵房、井下中央变电所、矿井地面变电所和地面通风机房、瓦斯抽放站的电话，应能与矿调度室直接联系。

7. 提升运输

（1）提升机保险装置　提升装置必须装设防过卷装置、防过速装置、过负荷和欠电压保护装置、限速装置、深度指示器失效保护装置、闸间隙保护装置、松绳保护装置、满仓保护装置、减速功能保护装置，立井、斜井缠绕式提升绞车应加设定车装置。

（2）防坠器　单绳提升的升降人员，或升降人员和物料的罐笼、带乘人间的箕斗，必须装设可靠的防坠器。倾斜井巷运送人员的人车必须有顶盖，车辆上必须装有可靠的防坠器。

（3）跑车防护装置　斜井运输应设计可靠的跑车防护装置、阻车器和挡车栏。

（4）信号装置　在各车场安设甩车时能发出警号的信号装置。斜井人车必须设置使跟车人在运行途中任何地点都能向司机发送紧急停车信号的装置。

（5）运输事故保护装置　滚筒驱动的带式输送机必须装设驱动滚筒防滑保护、堆煤保护和防跑偏装置；装设温度保护、烟雾保护和自动洒水装置；主要运输巷的带式输送机必须装设输送带张紧力下降保护装置和防撕裂保护装置。沿胶带输送机人行道侧设置事故紧急停车装置。

（6）火灾监测系统　井下胶带输送机，应设置连续式火灾监测系统，并应接入矿井安全监测系统。

（7）矿用防爆柴油机车　在高瓦斯矿井进风（全风压通风）的主要运输巷道内，应使用矿用防爆特殊型蓄电池电机车或矿用防爆柴油机车。如果使用架线电机车，应遵守下列规定。

① 沿煤层或穿过煤层的巷道必须砌碹或锚喷支护。

② 有瓦斯涌出的掘进巷道回风流，不得进入有架线的巷道中。

③ 采用碳素滑板或其他能减小火花的集电器。

④ 架线电机车必须装设便携式甲烷检测报警仪。

8. 空压机安全设施装置

矿井必须安装压风系统，空气压缩机必须安装在地面。空气压缩机必须有压力表和安全阀；必须装设断油（水）保护装置或断油（水）信号显示装置；必须装设温度保护装置，在超温时能自动切断电源；吸气口必须设置过滤装置。在活塞式空气压缩机与风包之间管路的切断阀门前，必须装设安全阀。

（二）　露天煤矿开采安全设施

1. 采剥工程

挖掘机和装载机采掘的台阶高度，应符合下列安全规定：表土和不需爆破的软岩，不应大于单斗挖掘机最大挖掘高度；需要爆破的台阶，不应超过单斗挖掘机最大挖掘高度的 1.2 倍；采用多排孔爆破或爆破后岩块较大时，台阶高度不应大于单斗挖掘机最大挖掘高度；上装车台阶高度不应大于采装设备最大卸载高度与运输设备高度加卸载安全高度之和的差。卸载安全高度可按 0.5m 确定。

轮斗挖掘机采掘台阶宜采用组合台阶。组合台阶中的主台阶高度不得超过轮斗挖掘机挖掘高度。各台阶高度按转载机允许高度的 0.9 倍确定。

2. 穿孔爆破

穿孔爆破应选择具有除尘设施的钻机。

爆破源至人员及其他保护对象之间的安全距离，应按各种爆破效应（地震、冲击波、飞散物等）分别核定，并取最大值。爆破地震安全距离计算应符合《煤矿安全规程》的规定。

爆破设计应确定总起爆药量和一次最大起爆药量。

当采掘场有老空时，应查明老空分布范围，绘制井上、井下对照图，配备专业人员并制定安全防范措施。

3. 煤岩采装

采装设备的尾部至台阶坡面不应小于 1m，运输设备之间的安全距离不应小于 1m。

间断开采工艺最小工作平盘宽度，必须保证采装、运输和道路养护设备安全作业、安全挡墙、坡底、安全距离要求，及供电线路、排水沟等辅助设施布置的要求。

单斗挖掘机的工作线长度，应符合下列规定：采用铁路运输时，不应小于 1000m；采用卡车运输时，不应小于 300m；连续开采工艺的采掘带宽度，应按内侧回转角 75°～85°、外侧回转角 40°～45°确定。

4. 破碎站

固定式破碎站可采用钢筋混凝土结构或钢结构，半移动式破碎站应采用钢结构。

必须设有卡车卸料安全限位车挡及防止物料滚落安全防护挡墙。

破碎站应设受料仓。受料仓的有效容积不宜小于移动供料设备一次供料量的 1.5 倍，多台同时卸料时，宜为一次总供料量的 1.2～1.4 倍。

设在居住区或旅游区附近的固定式破碎站，应设有降尘设施或除尘设备。

破碎站卡车作业区必须有良好照明系统，卸载站应安装卸料指示灯。

5. 矿山运输

（1）采用自卸卡车运输时，其矿山道路技术标准应符合下列规定。

① 对行驶载重 68t 以上的大型卡车，双车道路面宽度应包括养路设备作业宽度，可按 3～4 倍车体宽度设计。

② 矿山道路在路堤和半路堑路段应设置安全防护堤，填方路堤路段，路面两侧各设一条安全防护堤，半路堑路段在路面外侧设一条安全防护堤，安全防护堤高度不低于车轮直径的 2/5。

③ 煤矿内部运输道路最大纵坡坡度最大值为，生产干线 8%、生产支线 9%。重车下坡地段，相应减少 1%。

④ 设计载重 68t 以上的大型卡车的运输道路平面圆曲线半径，生产干线不宜

低于 40m，生产支线不宜低于 25m。

⑤ 煤矿内部运输范围内的上部建筑界限，应按自卸卡车厢斗最大举升高度加 0.5～0.8m 的安全间距确定。

（2）带式输送机布置应符合下列规定。

① 道路与带式输送机交叉时，必须布置为立体交叉。

② 根据地形条件、工艺布置，应尽量减少输送机转载点数量。

③ 长距离输送机沿线应设维修通道和排水沟。

④ 当长距离输送机无横向通道时，应设人行栈桥。人行栈桥的间距不宜大于 150m。

⑤ 栈桥或地道垂直于斜面的净高度应不小于 2.2m，当为拱形结构时，其拱脚高度不应小于 1.8m。

⑥ 栈桥或地道人行道宽度不得小于 0.7m。两条并列的带式输送机中间，人行道宽度不应小于 1.0m，检修道宽度不应小于 0.5m。

⑦ 人行道和检修道的坡度大于 5°时，应设防滑条；大于 8°时，应设踏步。

⑧ 输送机栈桥跨越铁路或道路时，栈桥下的净空尺寸应符合《工业企业标准轨距铁路设计规范》（GBJ 12—87）和《厂矿道路设计规范》（GBJ 22—87）的规定。

⑨ 输送机栈桥跨越设备或人行道时，应设防物料撒落保护栈桥设施。

⑩ 输送机地道应设置通风、除尘、防火设施，地道两个相邻出口距离，不大于 150m。

（3）输送带安全系数，应根据输送带类型、接头方式、输送机起制动性能等因素确定，并应符合下列规定。

① 织物芯输送带采用 8～10mm；钢丝绳芯输送带采用 7～9.5mm。

② 采用软启动或启动平稳的输送机可取小值。

③ 工作环境温度低于 −25℃时，应选耐寒输送带。

（4）带式输送机应设置设备运行和人身安全的保护装置。对可能发生逆转的上运带式输送机，应装设防逆转的安全装置。下运输送机应装设防止超速的安全保护装置。输送机系统应采取粉尘防治措施，输送干燥粉状等易起尘物料时，应在输送机卸料处设置密封罩，并设吸尘或除尘装置。

6. 防火

露天或室内储煤场及仓式储煤，当储存褐煤等易自燃煤种时，应采取预防自燃措施及消除煤自燃的消防措施。露天储煤场和储存易自燃煤种的室内储煤场，煤堆四周应设移动设备和消防通道。

矿内的采掘、运输、排土等主要设备，必须配备灭火器材。

7. 电气

（1）供电系统和变电所

① 变电所应有两回外部电源线路。

② 有淹没危险的主排水泵站的电源线路必须设两回路。当一回路停电时，另一回路的供电能力应能承担最大排水负荷。

③ 集中排水泵泵站应有两回线路供电，当一回线路故障时，另一回线路应满足所有主排水泵电动机能正常启动和最大排水量时的负荷。

④ 采掘场和排土场的低压配电电压不得超过 1kV，不带漏电保护的手持式电气设备的额定电压不高于 220V，带漏电保护的手持式电气设备电压不得超过 380V。

⑤ 地面变电所的位置选择，应符合有关标准和设计规范，并应符合下列要求：距采场最终境界 200m 以外、应设在爆炸材料库爆炸危险区以外、不应设在不稳定的排土场内、不应设在塌陷区、变电所与高噪声源的距离应满足主控制室背景噪声不大于 60dB（A）的要求、变电所周围必须设有围墙或栅栏（其高度不低于 1.8m）。

（2）供配电线路和电力牵引

① 采掘场内固定供电线路和通信线路应设置在稳定的边坡上。采掘场架空线应有与移动变电站地线监测系统配套的接地线和监控线。

② 采掘场的高压架空输电线截面不得小于 35mm²，低压架空输电线截面不得小于 25mm²。由架空线向移动式高压电气设备和移动变电站供电的分支线路应采用橡套电缆。

③ 架设在同一电杆上的高低压输（配）电线路不得多于两回；上下横担的距离直线杆不得小于 800mm，转角杆不得小于 500mm（10kV 线路及以下）；同一电杆上的高压线路，应由同一电压等级的电源供电；垂直向采场供电的配电线路，同一杆上只能架设一回。

④ 1kV 以上的架空电源线不得与接触网电杆同杆架设。380V 动力线、照明线及铁路信号外线和接触网电杆同杆架设时，应使用绝缘导线，其吊挂高度距钢轨顶面距离，正接触网不得大于 3m，旁接触网不得大于 1.5m。照明灯具必须装在电杆与接触网相反一侧。

⑤ 由变（配）电所供电的馈电线及回流线，10kV 及以下架空电源线距接触网最顶点不得小于 2m；10kV 以上架空电源线距接触网最顶点不得小于 3m。

（3）防雷与电气设备继电保护、接地

① 露天矿各类防雷建（构）筑物，应采取防直击雷和防雷电波侵入的措施，并应符合国家标准《建筑物防雷设计规范》中的有关要求。

② 采掘场和排土场架空电力线路，应在电源入口处、分支处、移动设备的接电点及正常分断的开关两侧装设避雷器。

③ 固定变电站或移动变电站向移动电气设备供电的输配电线路的电压高于 1kV 时，应装设短路和过负荷保护装置。交流电压大于 50V 的线路，应安装漏电保护装置。短路和单相接地（漏电）保护应采取二级保护。

④ 高压电动机、电力变压器的高压侧，应有短路、过负荷和欠电压释放保护。低压电气设备过电流继电器的整定和熔断器熔体的选择，应符合国家标准。

⑤ 与接触网直接连接的电动机和整流装置，应有过负荷、过流、过压、短路等保护装置。

⑥ 向移动式高压电力设备供电的变压器，应采用中性点不直接接地方式，且中性线不得引出；当采用中性点经限流电阻接地方式供电时，必须将变压器接地和移动设备外壳用架空地线或电缆接地线连接起来。向固定设备供电的变压器，一般采用中性点直接接地方式，固定设备外壳必须直接重复接地。

⑦ 变压器中性点不直接接地时，高压、低压电气设备必须设接地保护，并应在变压器低压侧装设自动切断电源的检漏装置。低压电力系统的变压器中性点直接接地时，必须设接零保护。

⑧ 50V 以上的交流电气设备和内绝缘损坏可能带有触电危险的电气设备的金属外壳、构架等，必须设保护接地。

⑨ 采场内电气设备的接地装置应符合下列要求：高压架空线的接地线应使用截面大于 $35mm^2$ 的钢绞线，并应设在架空线横担下 0.5m 处；移动变电站和用电设备应采用橡套电缆的专用接地芯线接地或接零，并应配备相应的地线监测系统。

⑩ 低压接零系统的架空线路的终端和支线的终端应重复接地，交流线路零线的重复接地必须用人工接地体，不得与地下金属管网有联系。

8. 通信与信号

（1）变电所（站）、整流站、绞车房等重要场所，以及大中型采掘运输设备应配备能满足安全生产需要的通信设备。

（2）生产调度室与急救、消防部门必须设直通的调度电话及外线电话。

（3）铁路接轨站、编组站、剥离站、选煤站及其他固定车站，均应采用电气集中联锁。

（4）区间内正线上的道岔，必须与闭塞设备联锁。

（5）复线区段的自动闭塞或半自动闭塞，应按单向运行设计。

（6）铁路信号设备应设置测试（自动或手动）和故障自动报警设备。

五、 职业病防护设施

（一） 露天煤矿开采职业病防护设施

1. 防尘措施

露天煤矿间断开采过程中，防尘的主要措施是湿式作业、洒水车降尘、加强作业车辆驾驶室的密封性等。不同工序应采取的防尘措施如下。

（1）剥离、采煤、运输　在剥离、采煤过程中，应采取湿式凿岩、爆破后喷雾等方式作业。

（2）钻机、大型挖掘机、装载机和自卸卡车驾驶室应密封设计。

（3）露天采坑、开采剥离面、运输道路、排土场、储煤场等无组织扬尘点设置喷雾洒水降尘装置。

（4）储煤场周围应设防风降尘设施。

2. 防毒措施

防毒措施的重点是加强爆破现场通风，并使作业人员和爆破点的距离大于安全距离；现场排炮时佩戴防毒面罩等相应的个体防护用品。

3. 防噪措施

（1）工业场地的各种大型机械设备，如挖掘机、装载机、推土机等，应选用现代化且低噪声的设备。

（2）各类车辆及钻机驾驶室应密封设计。

（3）钻机振动源主要为钻头部分，钻头与车辆驾驶室之间应确保无硬性连接。

（二）井下煤矿开采职业病防护设施

1. 防尘措施

地下井工煤矿开采防尘应贯彻"水、风、密、革、护、宜、管、查"八字方针。

（1）掘进井巷和硐室时，必须采取湿式钻眼、冲洗井壁巷帮、水炮泥、爆破喷雾、装煤洒水和净化风流等综合防尘措施。

（2）液压支架和放顶煤采煤工作面的放煤口，必须安装喷雾装置，降柱、移架和放煤时同步喷雾。破碎机必须安装防尘罩和喷雾装置或除尘器。采煤机必须安装内、外喷雾装置，无水或喷雾装置损坏时必须停机。掘进作业时，应使用内、外喷雾装置和除尘器构成综合防尘系统。

（3）采煤工作面回风巷应安设至少两道风流净化水幕，并宜采用自动控制风流净化水幕。在采煤工作面进、回风巷靠近上下出口 30m 内，距掘进工作面 50m 内，装煤点下风方向 15～25m 处。带式输送机巷道、采区回风巷，承担运煤的进风巷、回风巷，以及承担运煤的进风大巷及平硐等处应设置一道风流净化水幕。

（4）井下放煤仓放煤口、溜煤眼放煤口、输送机转载点和卸载点，都必须安装喷雾装置和除尘器，作业时进行喷雾降尘或用除尘器除尘。

（5）锚喷支护的防尘　打锚杆眼宜实施湿式钻孔，采取有效防尘措施后可采用干式钻孔；沙石混合颗粒粒径不应超过 15mm，且应在下井前洒水预湿；喷射机上料口及排气口应配备捕尘除尘装置；距锚喷作业下风流方向 100m 内，应设置两道以上风流交给化水幕，且喷射混凝土时，工作地点应采用除尘器抽尘净化。

（6）转载及运输防尘　转载点落差宜小于或等于 0.5m，若超过 0.5m 必须安装中部槽或导向板，各转载点应实施喷雾降尘用除尘器除尘，在装煤点下风侧

20m 内，必须设置一道风流净化水幕；运输巷内应安装应安装控制风流净化水幕。

（7）筛分、转载、装卸等产生粉尘的生产环节，当外在水分小于 7％时，应设置喷雾降尘装置或机械除尘装置，并应在上述场所中设置冲洗用给水栓。

（8）带式输送机栈桥、转载站地面的粉尘，宜采用水力冲洗清扫；带式输送机栈桥及转载站，宜设专用冲洗管道。

（9）除尘通风机、补风加热装置应与工艺设备电气联锁，并应比工艺设备提前启动、滞后停止。

（10）矿井必须建立完善的符合以下要求的防尘供水系统：永久性防尘水池的容量不得小于 200m³，且储水量不得小于井下连续 2h 的用水量，并设有备用水池，其容量不小于永久性水池的一半；防尘用水管路应铺设到所有能产生粉尘和沉积粉尘的地点，并且在需要用水冲洗和喷雾的巷道内，每隔 10m 或 50m 安设一个三通及阀门；防尘用水系统中，必须安装水质过滤装置，保证水的清洁，水中悬浮物量不得超过 150mg/L；水的 pH 值应在 6.0～9.5 范围内。

（11）通风防尘　因井下作业环境的特殊性，通风防尘尤为关键，在对矿井工作面、巷道、硐室等采用机械通风，带出生产及作业环境中粉尘的同时，应严格控制风速，防止二次扬尘。

（12）采掘工作面的工作，应按规程规定佩戴防尘口罩，测尘人员定期下井采样，及时测定风流中粉尘浓度和分散度，并根据测定结果采取相应处理措施。

2. 防毒措施

井下煤矿开采防毒措施的重点为加强矿井正常生产过程及爆破后的通风，风量按照《煤矿安全规程》要求进行设计。具体可采取如下措施。

（1）矿井应采用机械通风方式对采掘工作面、运输巷、运输大巷等进行通风。按规程分配井下各巷道及工作面的风量。

（2）装备环境安全监测系统，对井下各采掘工作面、运输巷、回风巷的瓦斯、一氧化碳、粉尘、风速、负压、温度等环境参数，以及矿井主要采掘排水及通风等设备的运行状态进行监测。

（3）井下材料、人员等的运输可能使用柴油车，相对井下有限的工作环境，车辆尾气中的二氧化氮等毒物不易扩散，在设计机械通风时，应考虑稀释尾气所需风量。

（4）煤矿作业场所存在硫化氢、二氧化硫等有害气体时，应当加强通风降低有害气体浓度。在采用通风措施无法达到要求时，应当采用集中抽取净化、化学吸收等措施降低硫化氢、二氧化硫等有害气体浓度。

3. 防噪声、振动措施

（1）矿井机械化水平不断提高的同时，井下各作业场所噪声强度也相应增加，应根据工艺技术的发展水平，采用自动化程度高的采掘、运输设备，减少接触人员数量，缩短接触时间。

（2）破碎机、乳化液泵、喷雾泵、局部通风机的驱动部分应安装隔声罩；刮板输送机、带式输送机等高噪声设备的驱动部分应安装隔声罩。

（3）带式输送机转载点安装中部槽，减少落煤高差，以减少撞击噪声。

（4）主井井口驱动机房控制室应采取隔声措施。

六、 个体防护用品

1. 个体防护用品基本要求

（1）根据作业人员在作业中防刺、割、磨、烧、烫、冻、电击、腐蚀、有毒、浸水等伤害的实际需要，配置不同性能和材质的劳动防护手套。

（2）对于可能存在物体坠落、撞击的工作场所，必须佩戴安全帽，不得以其他形式的防护帽替代。

（3）根据作业场所噪声的强度情况，为作业人员配置相应的护耳器。

（4）对眼部可能受铁屑等杂物飞溅伤害的工种，必须佩戴防冲击眼护具。

（5）从事高处作业的人员，必须按规定配备安全带、安全网等相应的坠落防护用品。

（6）纱布口罩不得作防尘口罩使用。

（7）从事多种作业或在多种劳动环境中作业的人员，按照相应作业的工种和劳动环境配备劳动防护用品。如配备的劳动防护用品在从事其他工种作业时，或在其他劳动环境中确实不能适用的，另配或借用所需的其他劳动防护用品。

2. 应配备的个人防护用品

煤矿开采业应配备的个人防护用品见表 5-11。

表 5-11 煤矿开采业应配备的个人防护用品

序号	类别	名称	使用期限	工种
1	一般规定	矿灯	有效使用期内	井下所有作业工种
		矿灯带	<12 个月	采煤工、综采工、掘进工、爆破工、巷道维修工、电机车司机、绞车司机、机电维修工、机电安装工、瓦检员、运料工、皮带工、锚喷工
			<18 个月	水泵工、配电工、测量员、测尘工、井下其他辅助工、采掘区队长，以及采、掘、基建、通、运、修区工程技术人员
		自救器	有效使用期内使用	井下所有工种
		毛巾	<1 个月	井下的采煤工、综采工、掘进工、锚喷工、充填工
			<2 个月	井下的爆破工、巷道维修工、电机车司机、绞车司机、皮带工、搬运工机电维修工、机电安装工、水泵工、配电工、瓦检员、接风筒工、测量员、测尘工、井筒维修工、其他工程技术人员
			<3 个月	其他下井技术人员、其他下井管理干部
		肥皂	有效使用期内	煤矿所有作业工种
		香皂或浴液	有效使用期内	煤矿所有作业工种
		洗发液	有效使用期内	煤矿所有作业工种

序号	类别	名称	使用期限	工种
2	头部护具类	橡胶/玻璃钢安全帽	<30个月	采煤工、综采工、掘进工、爆破工、锚喷工、充填工、巷道维修工
			<36个月	绞车司机、皮带工、搬运、机电维修工、水泵工、配电工、瓦检员、通风密闭工、井筒维修工、其他工程技术人员及其他下井管理干部
		塑料安全帽	<24个月	井上信号工、注浆工
		工种帽、女工帽	<12个月	井上的绞车司机、搬运工、压风司机、机电维修工、翻车工、轨道工
			<18个月	井上的抽风机司机、验收工、煤质化验员、坑木收发工、机电安装工
3	呼吸护具类	防尘口罩	<1个月	井下的采煤工、综采工、掘进工、锚喷工、充填工
			<2个月	井下的爆破工、巷道维修工、皮带工、瓦检员及井下测尘工
			<3个月	井下的搬运工、机电维修工、通风密闭工、采掘队长，以及采、掘、基建、通、运、修区工程技术人员
4	眼（面）护具类	防冲击眼镜、眼罩和面罩	<6个月	井下的采煤工、综采工、掘进工、爆破工、锚喷工
			<12个月	井下的充填工、巷道维修工
			<24个月	井上的注浆工、皮带机选矸工及毛煤验收工
		焊接护目镜、焊接面罩	24个月	电焊工
		化学护目镜	24个月	充电工、井下炸药发放工、火药管理工
5	上肢防护类	布手套	4付/月	井下的采煤工(薄煤层)、掘进工、巷道维修工、通风密闭工
			3付/月	井下的采煤工(中、厚煤层)、综采工；井上的搬运工
			2付/月	井下的爆破工、锚喷工、充填工、搬运工、机电维修工、机电安装工；跟班生产采掘区(队)长
			1付/月	井下的电机车司机、绞车司机、皮带工、接风筒工、井筒维修工 井上的矸石山翻车工、轨道工、皮带机选矸工
		线手套	2付/月	井上的机电安装工
			1付/月	井下的测量员、井下炸药发放工 井上的绞车司机、机电维修工、充电工、坑木收发工
			1付/2月	井下的安全检查员 井上的电机车司机、压风司机、火药管理工、抽风机司机
		浸胶手套	3个月	井下的采煤工、综采工、掘进工、充填工、巷道维修工、搬运工
		防振手套	3个月	井下的采煤工、掘进工；井上的压风司机、皮带机选矸工、抽风机司机
		耐酸（碱）手套	4个月	充电工
		绝缘手套	3个月	机电维修工、采掘机电维修工、配电工
		电焊手套	3个月	机电维修工
		护肘	3个月	采煤工

序号	类别	名称	使用期限	工种
6	下肢防护类	胶面防砸安全靴	<6个月	采煤工、综采工、掘进工、爆破工、锚喷工、充填工、巷道维修工、搬运工、采掘机电维修工、瓦检员
			<12个月	电机车司机、搬运工、机电维修工、机电安装工、安检员、井筒维修工
		工矿靴	<6个月	井下的绞车司机、皮带工、水泵工、接风筒工、通风密闭工、测量员、测尘工
			<12个月	井下的炸药发放工、采掘区队长，以及采、掘、基建、通、运、修区工程技术人员，和其他下井技术人员，其他下井管理干部
		防护胶鞋	6个月	绞车司机、压风司机、火药管理工、皮带机选矿工、抽风机司机
		绝缘胶靴	<6个月	井工煤矿机电维修工、采掘机电维修工、配电工、外线电工
			<12个月	挖掘机维修电工、水泵维修工、管工、钻机维修工
		布袜	1~2个月	矿井下所有作业工种
		护腿	24个月	采煤工、综采工、掘进工、爆破工、锚喷工、巷道维修工、搬运工
		护膝或膝盖垫	3个月	采煤工
7	听力防护类	耳塞、耳罩	备用	采煤工、综采工、掘进工、爆破工、电机车司机、压风机司机
8	防护服装类	矿工普通工作服	<6个月	采煤工、综采工、掘进工、爆破工、锚喷工、巷道维修工、机电维修工
			<12个月	井下的绞车司机、皮带工、搬运工、水泵工、配电工、瓦检员、接风筒工、安检员、测尘工、井筒维修工、其他工程技术人员及下井管理干部
				井上的搬运工、机电维修工(矿车)、翻车工、轨道工、机电安装工
			<18个月	井上的绞车司机、电机车司机、压风机司机、充电工、坑木收发工
		反光背心	<12个月	采煤工、综采工、掘进工、爆破工、锚喷工、充填工
			<24个月	巷道维修工、绞车司机、搬运工、机电维修、安装工、水泵工、配电工、充电工、瓦检员、接风筒工、其他工程技术人员及下井管理干部
		劳动防护雨衣	<12个月	井下的掘进工、爆破工、锚喷工、井筒维修工
			<24个月	搬运工、电机车司机、机电维修工、翻车工、轨道工、坑木收发工
		棉上衣	24~36个月	煤矿井下所有工种
		绒衣裤	12个月	煤矿井下所有工种
		秋衣裤	6~9个月	煤矿井下所有工种
		棉背心	24~36个月	煤矿井下所有工种

序号	类别	名称	使用期限	工种
9	防寒用品类	棉衣、棉裤、棉大衣、棉帽、棉胶鞋、棉手套	36 个月	井下各工种根据作业地点、温度配备相应的防寒用品

（谢冬梅）

参考文献

[1] 邬燕云，曹彧．安全生产依法行政工作指引．北京：煤炭工业出版社，2013．

[2] 杨剑，水藏玺．石油与化工安全管理必读．北京：化学工业出版社，2018．

[3] 杨剑，胡俊睿．制造业安全管理必读．北京：化学工业出版社，2018．

[4] 杨剑，邱昌辉．矿山安全管理必读．北京：化学工业出版社，2018．

[5] 杨剑，赵晓东．建筑业安全管理必读．北京：化学工业出版社，2018．

[6] 郝永梅，林金水，章昌顺．职业健康安全管理体系与安全标准化．北京：中国石化出版社，2017．

[7] 杨剑，胡俊睿．班组长安全管理培训教程．北京：化学工业出版社，2017．

[8] 国家安全生产监督管理总局宣传教育中心．生产经营单位主要负责人和安全管理人员安全培训通用教材，第3版．徐州：中国矿业大学出版社，2017．

[9] 崔政斌，刘炳安，周礼庆．安全生产十大定律与方法．北京：化学工业出版社，2017．

[10] 中国石油天然气集团公司安全环保与节能部．工作前安全分析实用手册．北京：石油工业出版社，2013．

[11] 陈永青．职业卫生评价与检测：职业卫生基础知识．北京：煤炭工业出版社，2013．

[12] 国家安全生产监督管理总局．煤矿安全规程．北京：煤炭工业出版社，2016．

[13] 杨剑，胡俊睿．电力系统安全管理必读．北京：化学工业出版社，2017．

[14] 杨剑，邱昌辉．班组长现场管理培训教程．北京：化学工业出版社，2017．

[15] 邬堂春．职业卫生与职业医学，第7版．北京：人民卫生出版社，2017．

[16] 国家安全生产监督管理总局，中国职业安全健康协会．职业卫生监督管理培训教材．北京：煤炭工业出版社，2014．

[17] 姜向阳．职业卫生评价与检测——典型行业职业病危害评价要点分析．北京：煤炭工业出版社，2013．